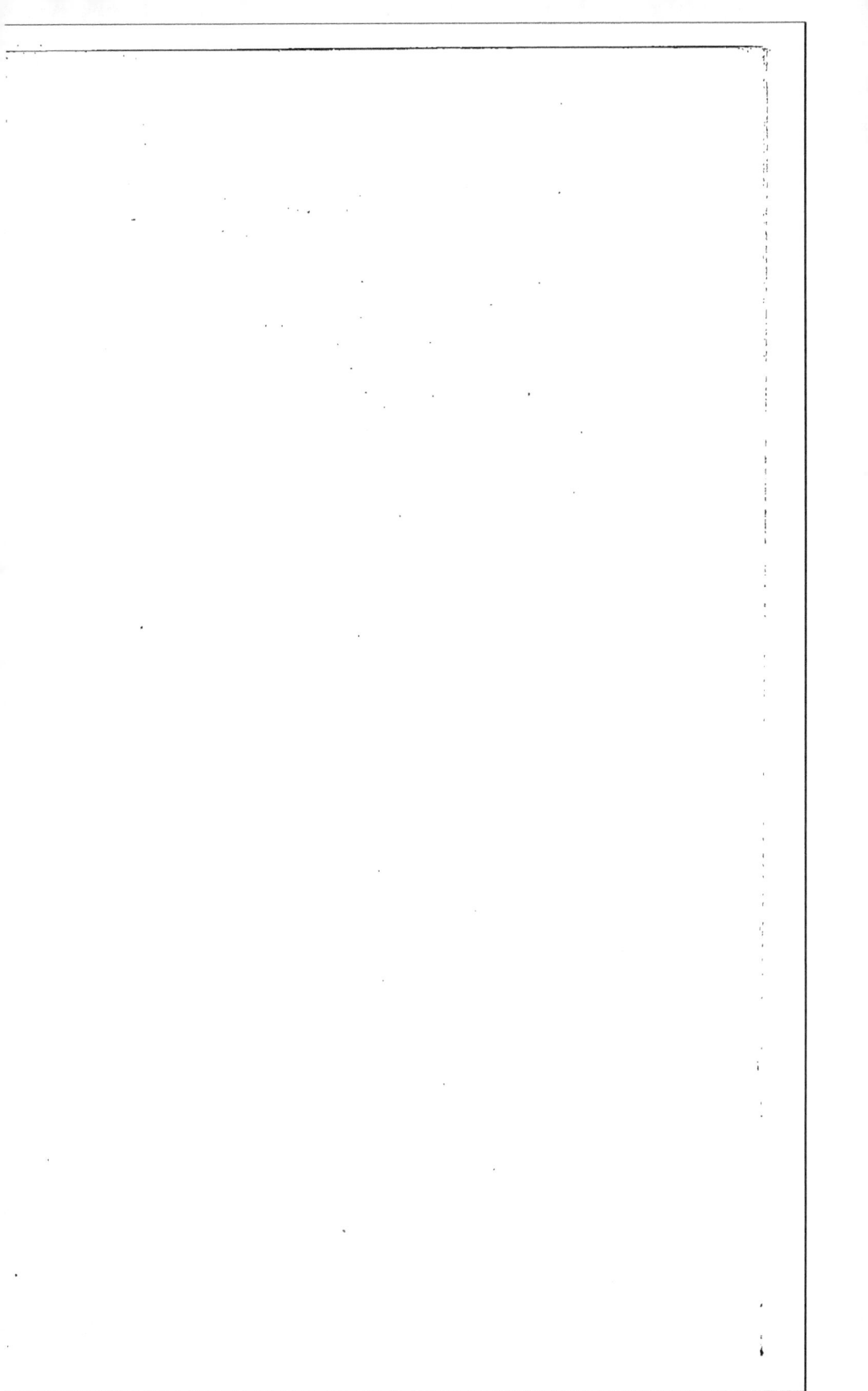

MÉMOIRE

SUR

L'APICULTURE.

C.

APICULTURE.

MÉMOIRE

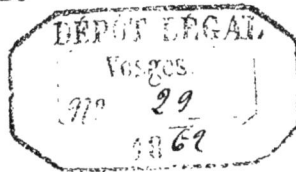

A L'AIDE DUQUEL UNE PERSONNE SEULE PEUT CULTIVER

EN TOUTE SAISON

TROIS CENTS RUCHÉES,

Les multiplier de bonne heure sans perte d'essaims et sans nuire
au couvain des ruches ; les réduire de même ; obtenir une
majeure partie de leurs produits en corbillons
de miel de choix, etc.,

PAR PROSPER GRANDGEORGE,

Apiculteur à Lamerey, près Dompaire (Vosges),
membre de l'Académie nationale agricole manufacturière
et commerciale de Paris
et du Comice agricole de Mirecourt (Vosges).

PRIX : 2 FRANCS.

*En envoyant un mandat sur la poste à l'Auteur, le volume est
adressé* franco *au demandeur.*

ÉPINAL,
IMPRIMERIE DE VEUVE GLEY.
—
1862.

Si ce Mémoire donne lieu à une seconde édition revue et corrigée, l'auteur s'empressera d'en donner avis aux personnes qui auraient honoré son ouvrage d'une souscription.

Traduction et reproduction interdites.

APPRÉCIATION

de ce Mémoire par le Journal mensuel de l'Académie nationale agricole de Paris.

(Juillet et août 1861.)

Apiculture. — Notre Collègue, M. Prosper Grandgeorge, nous a fait parvenir un mémoire sur l'apiculture, et principalement sur les permutations des reines. Ce mémoire, fort bien travaillé, sobre de lieux communs et riche d'observations nouvelles, dit qu'il serait possible d'élever en France quatre fois plus d'abeilles qu'il n'en existe, et de leur faire rapporter, dans un temps donné, le double de ce qu'on en retire avec les procédés actuels. M. Grandgeorge a pour lui l'expérience pratique de plusieurs années, sur quatre à cinq cents ruches, et admet comme certain que l'apiculture, qui n'a rencontré jusqu'aujourd'hui qu'une indifférence inexplicable, ou une curiosité passagère, pourrait bientôt se voir pratiquée sérieusement et obtenir l'honneur d'occuper une place dans les écoles d'agriculture.

L'étendue de ce mémoire ne nous permet pas de l'insérer ; mais nous croyons que M. Grandgeorge ferait une chose utile à l'apiculture s'il le livrait à l'impression. Le Comité d'agriculture en a demandé le renvoi au Comité des récompenses.

ORDRE DES MATIÈRES.

13° Avantages des essaims précoces et utilité de régénérer les reines le plus tôt possible.

14° Soins à donner aux ruchées après l'essaimage, afin de procurer promptement des reines à celles qui en manqueraient, et de remplacer celles qui pourraient être défectueuses.

15° Facilité de réunion toute spéciale et susceptible des plus heureuses conséquences, pendant l'intervalle du premier au deuxième essaim, surtout en vue de la production des miels fins.

16° Effets comparés du corbillon et de la rehausse sur les départs des essaims.

17° Moyen d'arrêter toute génération et tout départ d'essaim, et plus particulièrement après la période des seconds essaims.

18° Produits comparés pendant l'été entre populations de différents poids.

19° Produits comparés pendant l'hiver entre populations de différents poids.

20° Conclusions de ces comparaisons en faveur des essaims précoces.

21° Fait cité par M. Collin à l'appui de ces conclusions.

22° Les réunions d'automne ne peuvent réellement être avantageuses qu'autant qu'on fait les essaims de très-bonne heure.

23° Rapports comparés des vieilles et des jeunes reines avec les bourdons et nécessité des essaims précoces.

24° Contradictions entre deux faits mentionnés au *Journal l'Apiculteur*, 1861, pages 372 et 375, et que j'interprète en faveur des essaims précoces.

25° Désavantages des essaims faibles et précoces sur ceux tardifs et nombreux, et moyen d'y obvier.

26° Nourriture pour les abeilles.

27° Avantage du miel sur le sucre pour être donné en nourriture aux abeilles.

28° Expositions les plus heureuses pour les ruches et les ruchers.

29° Procédés pour découvrir les reines.

30° Soins généraux à donner aux abeilles pendant le printemps et l'été, principalement en vue de l'essaimage, de l'obtention des miels fins, et afin de conserver toujours le plus sûrement aux ruchées des provisions suffisantes pour passer l'hiver.

31° Du travail des ruchées pour la saison hivernale; de la grande récolte du miel et de la cire, surtout pour l'apiculteur nomade, et de la nécessité pour l'hiver de réunir toutes ses ruchées le plus à sa proximité.

32° Inconvénients qui résultent pendant l'hiver des grandes agglomérations des ruchées, manière d'y remédier.

33° De la perte des reines pendant l'hiver et des effets qui en résultent.

34° Les ruchées de médiocre population, sauf par les gelées, sont en toutes saisons celles qui présentent le plus d'avantages.

35° Considérations sur les ruches, principalement sur la ruche commune.

36° De l'apiculture en général, et humbles conseils aux apiculteurs afin de les renseigner de mon mieux sur tout ce qu'il peut leur être avantageux de connaître.

37° Conclusions.

Nécessité de supprimer les ruchées loqueuses.

Manière de reconnaître l'âge de chaque ruchée.

DE

L'IMPORTANCE DE L'APICULTURE

ET DE

SES LÉGERS INCONVÉNIENTS.

Si l'on a pu dire avec raison que toutes les vérités sont sœurs, en ce qu'elles se prêtent mutuellement secours, il en est cependant qui offrent plus d'intérêt et dont les conséquences ont plus d'étendue.

L'étude de l'apiculture possède cet avantage, que, pour pénétrer plus avant dans l'obscurité de l'histoire naturelle, particulièrement dans la partie qui traite des insectes, elle doit fixer sur elle le plus spécialement l'attention de l'homme par la supériorité de ses produits, par son universalité et par son organisation intérieure toute spéciale, on pourrait peut-être ajouter et la plus en rapport avec la nôtre; aussi, malgré sa richesse et son abandon, l'abeille a-t-elle pu résister dans tous les temps aux attaques de l'ignorance et de la malveillance comme à tous ses autres ennemis; quoiqu'elle se laisse diriger naturellement, du reste, par la main de l'homme intelligent et bienveillant, pour qui elle a été créée, et avec lequel elle échange de mutuels services.

L'apiculture, par son influence morale, par ses nécessités d'ordre public, par la valeur de ses produits, par la simplicité rustique de ses travaux, est appelée à concourir pour une part importante , dans les contrées les moins explorées surtout, à la civilisation des peuples.

L'abeille , non-seulement amasse le miel et la cire, mais elle est encore un élément naturel et bienfaisant aux fleurs, soit en contribuant à leur fécondation , soit en leur enlevant rapidement une sécrétion ou sueur toujours nuisible et destinée sans elle à devenir la pâture d'autres insectes , ou pucerons, qui risqueraient d'empoisonner ces fleurs , comme le fait n'est que trop commun d'ailleurs : sur les feuilles de trembles , sur la vigne , etc....; car tous les insectes, en général, vivent aux dépens des végétaux , et le miel est un des éléments qui semblent le mieux leur convenir. Ainsi , sans les abeilles , non-seulement le miel et la cire seraient une richesse perdue, mais nuisible.

Par leur côté mauvais, c'est-à-dire leurs piqûres, les abeilles sont moins à redouter qu'on ne se le figure généralement ; elles ont un caractère bien connu, c'est un élément en quelque sorte, il faut aller le trouver pour qu'il soit dangereux, mais alors, il ne se plie, comme tout autre élément , qu'en conformité des lois qui en régissent le naturel. Il offre moins de dangers sérieux que nul autre, par exemple : l'eau , le feu, etc. , parce qu'il n'a rien en soi de pernicieux et qu'il prévient toujours, par une ou deux piqûres, le malavisé qui s'y expose; or pour persister en ce cas , malgré de nouvelles piqûres, et conséquemment de nouvelles douleurs toujours plus pénibles , il faut être fou ou du métier.

Je dis du métier , car en fréquentant les abeilles on s'habitue à se garer de leurs piqûres, et si on en a reçu, on trouve les moyens d'en atténuer la douleur.

Quand on est piqué, dit-on généralement, il faut arracher le dard immédiatement avec ses doigts ; ce n'est pas ainsi pourtant qu'on arrache une épine, il faut ordinairement y apporter plus d'apprêts : c'est que le dard provenant de la piqûre d'une abeille offre extérieurement un bourrelet saisissable que n'a point l'épine, seulement, il n'est pas toujours aisé pour la personne piquée de bien le voir., afin de bien le saisir ; par exemple pour la figure, il faudrait toujours avoir devant soi une glace.

Le frottement de la piqûre avec la main, ou même contre un corps dur quelconque, au lieu du pincement, me semble beaucoup plus facile et devoir mieux remplir le but.

Pour le pincement, il faut voir le dard, puis le saisir avec beaucoup d'adresse, et quand il arrivera dans les manipulations un peu difficiles dix ou douze piqûres, je suppose, que de temps passera-t-on en cherchant à les découvrir, puis à les enlever ? Quelle douloureuse patience ne faudrait-il pas alors ?

Avec le frottement, au contraire, au plus léger picotement, même lorsque l'abeille s'apprête à vous piquer, sans quitter vos travaux, sans vous en douter, le plus souvent par habitude, et stimulé par l'idée de la douleur, vous aurez déjà enlevé le dard avant qu'il ait eu le temps de se fixer, et quels qu'aient été le nombre de vos piqûres et les endroits où elles ont eu lieu, vous vous en débarrasserez aussi facilement que si c'était du sable ; car le toucher avec sa pression, sa surface large et tous ses moyens d'action dirigés par la douleur, doit agir promptement et sûrement.

Les piqûres les plus pénibles sont celles dont les dards sont lancés droit dans les chairs ; celles qui ne font qu'effleurer la peau sont moins sensibles.

La douleur d'une piqûre est en raison du temps que le dard séjourne dans les chairs pendant les vingt secondes environ qu'il met pour y déposer tout son venin.

J'ai cru avoir remarqué que pour cela, il se trouvait avec le dard, et indépendamment de l'abeille qui s'en sépare toujours, tout un système musculaire se contractant ensuite, sans doute sous l'influence du venin et consécutivement jusqu'à ce que celui-ci soit complètement inoculé. Ainsi un dard enlevé à temps d'une piqûre et replacé sur des chairs peut s'y introduire lui-même de nouveau, et y occasionner une nouvelle douleur plus sensible que la première ; d'où il résulte qu'il est très-essentiel de pouvoir enlever le dard avec la plus grande célérité, afin de l'empêcher de pénétrer dans les chairs et d'y séjourner.

La piqûre de l'abeille n'agissant que par le venin, dont l'effet douloureux se fait parfois sentir aussi tôt au cœur ou à toute autre partie très-éloignée, qu'à l'endroit du mal, j'en ai conclu que tous les remèdes autres que des rafraîchissants, que je crois encore très-inutiles, n'étaient qu'un mal ajouté à un autre.

———

AUTEURS

QUE J'AI PLUS PARTICULIÈREMENT CONSULTÉS POUR CE TRAVAIL.

Je manquerais à la justice et à la reconnaissance si j'omettais de signaler en tête de ces observations sur les abeilles le nom de M. de Mirbeck, au château de Barbas, près de Blâmont (Meurthe), propagateur de l'apiculture en Lorraine, auteur en 1825 d'un traité sur les abeilles, approuvé par la Société centrale d'agriculture de Nancy, et qui a fait des cours publics d'apiculture au chef-lieu du département des Vosges, il y a environ trente ans.

M. de Mirbeck avait le plus particulièrement en honneur Hubert et Lombard.

Il a été aussi la source féconde où pendant longtemps j'ai pu puiser mes premières connaissances en apiculture. Si donc dans ce mémoire, il y a quelques pensées utiles, c'est à M. de Mirbeck qu'en revient le premier mérite.

Je dois aussi à M. Collin, auteur du *Guide du propriétaire d'abeilles,* ouvrage très-estimé, l'idée première qu'une reine fécondée est toujours reçue dans une souche non réformée pendant les quelques jours qui suivent immédiatement les deuxièmes essaims.

Cette observation m'a été d'un secours d'autant plus utile qu'elle était la première idée neuve dont, après M. de Mirbeck, j'ai pu faire mon profit dans les auteurs. Je dois reconnaître que depuis, j'ai lu dans les observations sur les abeilles, par Hubert, (voyez 6e lettre, 28 août 1794) : « 24 heures après un essaim artificiel, une reine étrangère peut être accueillie dans la souche. » Cette idée plus tôt connue m'eût été sans doute d'un grand secours, et il est à regretter que beaucoup d'auteurs aient omis d'en faire mention.

APERÇU

sur quelques faits importants, particulièrement sur les influences des Reines.

---

5. — But de ce mémoire.

Cet écrit tendant à prouver que la réalisation d'élever en France quatre fois plus d'abeilles qu'il n'en existe, et de leur faire rapporter, dans un temps donné, le double par quantité égale d'abeilles qu'on a pu en retirer jusqu'alors, est moins aujourd'hui un problème qu'une question de temps ; que cette proposition n'a rien d'exagéré, mais qu'il est bien plus surprenant, au contraire, qu'elle n'ait pas reçu plus tôt une heureuse solution, quand on pense qu'en France, de vastes contrées, si peuplées, sont toujours restées incultes pour l'apiculture, et souvent dans les lieux les plus favorables aux abeilles, tels que les sols forestiers, qui furent autrefois leurs premiers refuges et dont ces insectes féconderaient en outre avantageusement les fleurs, sans incommoder en rien le voisinage.

Ces nouvelles réformes ne pouvaient survenir plus à propos, afin de raviver cette culture ruinée, et que le bas prix des sucres ne devait point contribuer à relever, si, comme pour ceux-ci, les améliorations dont l'apiculture est susceptible n'avaient progressé d'une manière sensible, ainsi qu'il résulte des observations nouvelles et judicieuses qui surgissent chaque jour sur cette question, d'un bon nombre d'apiculteurs de tous pays.

4. — Opinions de Hübler et Hermann sur les permutations des reines.

Dans le journal l'*Apiculteur*, février 1861, page 146, et dans le journal *Apicol Deichstadt*, 16ᵉ année, juillet 1860, page 146, on lit : « J'ai eu le bonheur » de découvrir un procédé à l'aide duquel on peut donner » à une ruchée quelconque une reine étrangère, sans » avoir rien à craindre pour la vie de celle-ci, ni à » prendre aucune précaution pour la protéger, car cette » reine, qu'elle soit fécondée ou non, est toujours et » sûrement acceptée, même dans une ruchée qui contien- » drait une autre reine fécondée ou non fécondée, ou » bien une ouvrière pondeuse.

» L'opération ne dure qu'un moment, ne demande » que peu ou presque pas de dépenses, aucune adresse » ni préparatifs, et s'applique à toutes espèces de ruchées, » qu'elles soient à rayons mobiles ou non ; en un mot » c'est un procédé qui devra faire époque en apiculture, » surtout quand il s'agit d'élever la race italienne : car » il fait disparaître tout danger pour la vie de la reine.

» Altembourg, le 22 juin 1860. Signé : Hübler. »

Dans le journal l'*Apiculteur*, mars 1861, page 186, M. Hermann, apiculteur à Sandrion (Lombardie), réclame contre ce qu'il appelle le remède de Hübler dont la Société d'apiculture s'est entretenue le mois dernier.

« Il dit que ce remède n'est pas neuf, qu'il en a » publié la recette dans l'*Ami des Abeilles,* où Hübler » aurait découvert cette mine à Thalers : le procédé vanté » consisterait dans l'emploi de l'asphyxie momentanée par » la fumée de lycoperdon, ou sel de nitre : les abeilles » d'une colonie soumises à cette opération acceptent sans

» combat les abeilles étrangères, là est tout le secret, dit
» M. Hermann. »

» Lorsque les abeilles des colonies orphelines sont
» tombées, on introduit dans leurs ruches une mère qui
» n'a point été soumise à l'asphyxie, laquelle mère est
» acceptée au détriment des demi-mères qui ont subi
» l'asphyxie et qui ne tardent pas à être mises à mort.
» Il résulterait de cette particularité que si l'on donne
» une mère non asphyxiée à une colonie dont la mère
» est étourdie avec le reste des abeilles, cette mère non
» étourdie est acceptée, quoique étrangère. »

5. — Mon avis sur ces idées.

Ces idées, quoique justes, tout porte à le croire, auraient dû être, il me semble, accompagnées de quelques
faits pratiques qui en fissent mieux comprendre au
lecteur les avantages, car M. Houillon, apiculteur
cependant très-distingué, semblerait postérieurement
en méconnaître la portée, quand il dit, dans le *Journal
l'Apiculteur*, avril 1861, page 244 :

« Nous ne craignons pas d'avancer hardiment que
» l'extension de la culture des plantes mellifères, bien
» plutôt que tous les systèmes de ruchées et tous les
» modes d'exploitation, est appelée à régénérer notre
» apiculture. »

Ainsi pour le public apicole, ces procédés, quoique
d'une importance incontestable, ne seraient encore qu'à
l'état de théorie, même chez leurs auteurs, car je
croirais qu'en pratique l'emploi de la fumée de lycoperdon doit rendre ces opérations difficiles et surtout

dangereuses pour les abeilles, puisqu'il les place ainsi entre la vie et la mort, tandis qu'il suffit de rendre ces insectes doux et traitables comme dans les essaims naturels et d'imiter la nature, ainsi que M. Houillon en cite un exemple, quand il dit, *Journal l'Apiculteur*, 1860, page 279 : « Il est constant, et chacun peut » s'en assurer, qu'en donnant une jeune mère à une » ruchée depuis la sortie du premier essaim jusqu'au » moment où une jeune femelle soit éclose, elle y » sera toujours reçue, je ne dis pas avec affection, à » moins qu'elle ne soit fécondée, mais avec indifférence » comme les autres abeilles; » but qu'atteignent toujours aussi aisément les fumants les plus simples.

Ayant un peu appliqué les mêmes idées pendant l'automne dernier, j'essaierai d'en faire ressortir l'importance que je crois réelle et grande.

Ainsi quand deux essaims naturels partent ensemble ou dans toute réunion naturelle ordinaire, le phénomène cité par MM. Hubler et Hermann se produit de lui-même, une des deux reines succombe toujours et l'autre règne le plus communément, d'où pour un des deux essaims, sans autres pertes d'abeilles du reste, il y a naturellement une des deux reines substituée à l'autre. Et c'est à bien déterminer les causes qui ont protégé l'une de ces deux reines au détriment de l'autre que dépend l'heureux résultat de la question.

Pourquoi une reine encore et une reine seule péritelle alors?

6. — Mes axiomes sur les mœurs des abeilles.

1.º Il ne peut jamais se rencontrer plus d'une reine dans chaque peuplade d'abeilles; les causes naturelles ou artificielles qui font exception à cette règle prouvent ce principe , loin de le contredire ;

2° Deux reines mises en présence l'une de l'autre , tendent toujours, et dès l'instant de leur éclosion , à se détruire mutuellement ;

3° Les abeilles , hors de l'influence des reines, ne se disent rien , ou sympathisent. Les abeilles d'une même ruchée vivent en parfaite harmonie , en concourant toutes au salut commun , qui est aussi le seul moyen efficace de salut pour chacune ;

4° Au contraire les combats les plus acharnés ont toujours lieu entre les abeilles de deux ou plusieurs peuplades mises en présence dans leur état habituel , et conséquemment pourvues l'une et l'autre de leur reine , jusqu'à ce qu'une des deux peuplades ait succombé entièrement en combattant et que l'autre ait plus ou moins souffert ;

5° Tandis que des ruchées sans reine depuis 24 heures environ , et jusqu'à ce qu'une reine ou alvéole de reine s'en empare, s'accommodent et sympathisent toujours sans aucune précaution préalable avec les autres peuplades semblables, ou pourvues de reines ;

6° Mais dans une ruchée, — une fois qu'une jeune reine a atteint sa dernière formation , sans être encore éclose ; de même que pour toute reine qui y aurait été introduite artificiellement, mais non à l'état libre , et qu'en ces circonstances les abeilles soignent et nourrissent comme toutes les autres reines qu'elles élèvent ; — ces reines, non encore à l'état libre, priveraient les abeilles de ces ruchées de la propriété dont elles jouissaient auparavant de pouvoir toujours sympathiser avec les ruchées pourvues de reine à l'état libre , mais non avec celles dans les mêmes conditions qu'elles, ou à l'état d'essaim, ou bruissement, ou sans reine.

Dans une même ruchée, les circonstances de plus ou moins d'éloignement des abeilles de leur reine; les circonstances de plus ou moins de tranquillité de chaque ruchée; les circonstances d'aller ou de retour; le parcours d'une certaine étendue de chemin avant d'arriver à une ruche de réunion, etc..... : tous ces détails constituent en eux-mêmes des différences sensible dans la manière dont les abeilles de différentes ruchées peuvent sympathiser entre elles : ainsi, en temps d'abondance et surtout de pillage, toutes les abeilles et souvent la reine, étant agitées, il résulte de leurs rapprochements, cette fureur que l'on remarque aisément, qui est l'opposé du bruissement et qui rend alors les réunions entre ruchées différentes presque impossibles; tandis qu'une barbe d'abeilles paisibles, séparée ainsi souvent des habitations de sa ruchée par un obstacle et depuis plus de 24 heures, se verrait toujours accueillie généralement. C'est par ces motifs sans doute que les barbes des ruchées trop rapprochées se touchent et sympathisent toujours, et que les réunions d'hiver m'ont toujours mieux réussi que celles d'été;

7° Par la fumée, le tapotement, ou au moment du jet, l'union de deux essaims pourvus chacun de leur reine à toujours lieu heureusement pour les abeilles et fatalement pour une reine seule, rarement pour les deux et quelques abeilles;

8° Si une ruchée à l'état de bruissement ou d'essaim naturel ou forcé et susceptible de contracter ainsi avec un pair une heureuse réunion, est alors soit pour la totalité ou une partie de ses abeilles, avec ou sans reine, mise en présence d'une autre peuplade restée dans son état ordinaire, la ruchée en bruissant se verra toujours sacrifiée dans la totalité de ses abeilles et dans sa reine qui auront été exposées, sans que l'autre ruchée risque nullement d'en perdre. D'où la reine et les abeilles, à l'état d'essaim ou de bruissement, sont toujours dans ces cas livrées sans défense à la volonté cruelle d'une reine et de ses abeilles toujours alors impitoyables.

9° Si une ruchée à alvéoles royaux prêts à éclore est mise en présence d'une autre ruchée pourvue de sa reine à l'état libre, les abeilles de celle-ci attaqueront les premières celles de l'autre qui, en ce cas, n'useront de représailles que pour se défendre quand elles se sentiront attaquées.

7. — Conséquences à tirer de ces axiomes.

De ce qui précède, il faut bien reconnaître que tout combat provient de la reine seule, que ce sentiment est toujours partagé par toutes ses abeilles, et que c'est là l'état le plus naturel et le plus général des ruchées; mais que sous l'influence de la fumée, du tapotement, de l'essaimage naturel ou forcé, ce caractère des abeilles peut être momentanément modifié, ainsi que celui de la reine; car pour essaimer elle paraît être la première influencée; la fumée et le tapotement modifiant évidemment le caractère ombrageux et irascible des abeilles, puisqu'on ne peut les aborder sans cela, pourquoi cette influence n'agirait-elle pas aussi un peu sur la reine?

Qu'en cet état les essaims accueillent les abeilles et les

reines étrangères, et ne cherchent ni à se défendre ni à défendre leur reine, et subissent ainsi passivement toute initiative et volonté étrangère, même dans le reflet d'une abeille ennemie; dans ce cas, ils ne sont point reçus cependant dans aucune ruchée à son état habituel, où, sans attaquer ni chercher à se défendre, ils se verraient néanmoins tués.

D'où si, dans une ruchée ainsi à l'état de bruissement, il s'introduisait une seule abeille sous l'influence d'une reine étrangère, cette mouche pensant défendre sa reine, ne rencontrant aucune opposition, suffirait alors à elle seule pour attaquer et faire périr celles de l'essaim à l'état de bruissement et alors sans prévoyance ni défense.

J'ai cru voir accidentellement une fois la reine d'un premier essaim attaquée par une seule abeille étrangère qui s'était égarée là par hasard, et cet essaim, sans force contre une seule abeille, abandonner sa ruchée et sa reine qu'il ne reconnaissait plus alors; puis celle-ci une fois dégagée, et rendue à sa peuplade émigrante, y provoquer aussitôt un rappel général et le calme.

Une reine attaquée par des abeilles étrangères peut être dégagée et réussir en enfumant et tapotant suffisamment la ruche où elle se trouve.

Si une abeille peut agir en jetant le trouble dans un panier, à plus forte raison une reine peut-elle aussi agir, mais en se rendant maîtresse de la peuplade, une reine mobile de toute haine ne s'attaquant jamais personnellement aux abeilles, comme une abeille le fait. Ainsi l'idée d'Hubert qu'une reine non asphyxiée s'assujettit promptement les premières abeilles, et aux dépens des reines asphyxiées, n'a rien qui doive étonner; encore que ce fait se produit aussi journellement sans asphyxie dans l'union des essaims naturels, où la reine sortie de sa ruche la première, et s'étant déjà constituée en peuplade régulière, fait attaquer aussi la première les reines des essaims qui peuvent survenir ensuite. Si ce raisonnement n'était point tout à fait applicable à l'égard d'une nouvelle reine, on ne refuserait pas toutefois à celle-ci la faculté de pouvoir voyager librement et assez longtemps dans tout essaim en bruissement, et de son inimitié innée pour toute reine, la possibilité de parvenir à joindre celle de cet essaim alors sans défenseurs, avec espoir de la tuer.

Dans la pratique, je ne me sers pour asphyxier, ou mieux pour enfumer mes abeilles, que de foin commun récolté un peu mal mûr et le plus gras possible. C'est ainsi qu'avec ce fumant, d'après les principes précédemment exposés, ayant eu la pensée d'opérer une ruchée orpheline, après en avoir d'abord enfumé et tapoté toute la population, je la posai en cet état aux lieu et place d'une autre ruchée ordinaire, dont je lui donnai alors la reine avec dix ou douze de ses abeilles qui, sur le soir, pouvaient encore voltiger à l'entour, et cette reine étrangère, sans autres formalités, réussit ainsi à régner sur cette ruchée orpheline.

Cependant ce fait seul ne prouverait rien par lui-même, car toute ruche orpheline ne l'est pas toujours au même titre, et souvent, malgré une ponte très-avancée de bourdons, une jeune reine peut y être élevée, ou une vieille reçue et acceptée sans aucune précaution préalable, surtout quand ces ruchées élèvent de faux alvéoles royaux. Mais dans une autre circonstance, et pour une ruchée orpheline qui avait déjà refusé précédemment une vieille reine que je lui avais présentée sans précaution, je réussis ensuite à lui en faire accepter une, toujours d'après les mêmes principes.

Toute ruche orpheline ainsi préparée par le tapotement et le bruissement, mise ensuite à la place d'une bonne ruchée, se verrait le plus souvent dans ces cas débarrassée de sa reine anormale ou ouvrière pondeuse, et rendue susceptible après 24 ou 48 heures, comme après les cas d'essaims ordinaires, d'accepter toute reine qu'il plairait de lui donner ensuite : ou sur le moment même un alvéole royal qui ne devrait éclore que 48 heures après, ou une reine ou alvéole royal qui resterait enfermé ces 48 heures au moins dans de la toile métallique ou fer blanc troué, et qu'en ce cas les abeilles qui ont subi le bruissement s'empresseraient sans doute de nourrir, tandis qu'un rempart les protégerait ainsi contre toute malveillance, comme l'indique M. Rativeau aîné, *Journal l'Apiculteur*, octobre 1861, pages 25 et 26.

Seulement, par le procédé de M. Rativeau, soit que la ruche soit défectueuse pour cause d'ouvrière pondeuse, ou d'une reine anormale, sans ramener la ruchée à l'état de bruissement, sans l'avoir mise ensuite à la place d'une bonne ruchée, son seul moyen en ce cas, qui consiste à enfermer dans cette ruchée une reine nouvelle dans de la toile métallique, est-il suffisant pour que cette ruchée élève cette reine? Il l'indique, dit-il, sans l'avoir expérimenté, comme un bon moyen de mettre l'alvéole à l'abri de toute agression, et conséquemment de donner des résultats absolus.

Comme M. Rativeau, je n'ai pas expérimenté le fait

qu'il indique, conséquemment l'idée lui appartient toute
entière ; mais l'efficacité de son moyen ne résulte pas
de ce que j'ai pu dire précédemment, et cela me semble
un fait assez analogue à celui d'introduire des alvéoles
royaux dans une ruchée bien organisée et souvent peu
peuplée ; eh bien ! ce couvain serait détruit, et pour
le cas particulier signalé par M. Rativeau, les abeilles
en feraient de même ou laisseraient cette reine mourir
de faim.

Un fait encore à ce sujet :

J'avais une reine enfermée dans du fer-blanc, dans
sa propre ruchée ; quelques jours après, je m'avisai
de l'ôter et d'en remettre une autre à sa place, puis
l'ancienne à côté ; les abeilles par habitude conti-
nuèrent de nourrir à la même place la nouvelle reine, et
laissèrent, au contraire, mourir l'ancienne ; cette ruchée
du reste pouvait très-bien s'être reformé une nouvelle
reine, ce que toute ruchée en semblable circonstance
s'empresse toujours de faire.

Dans une réunion de deux essaims, si quelques
abeilles seulement d'une de ces deux ruchées de réunion
n'avaient point subi les effets de l'asphyxie, la reine
dont toutes les abeilles l'auraient subie périrait seule
avec plus ou moins de ses abeilles, sans aucun danger
pour l'autre ruchée.

Dans une réunion de deux essaims, si quelques
abeilles de l'une et de l'autre ruchée n'avaient point
subi les effets du bruissement nécessaire dans ce cas,
les abeilles qui ne l'auraient point subi pourraient attaquer l'une et l'autre des deux reines de chaque essaim
de réunion, et ces deux reines périr et les essaims
rentrer.

8. — Phénomènes qui accompagnent la formation des essaims.

Pour qu'il y ait un premier essaim naturel, les abeilles élèvent toujours précédemment et naturellement du couvain royal ; la reine et l'essaim qui la suit toujours peuvent partir ou mieux essaimer, aussitôt que des abeilles forment la garde autour de ces alvéoles, ce qui n'arrive jamais, ou que très-rarement, avant que des alvéoles royaux soient operculés. Les abeilles de la souche, vingt-quatre heures après, pourraient être accueillies favorablement dans toute autre ruchée, puis refusées ensuite quand une nouvelle garde des alvéoles royaux se serait reformée ; car ce serait cette garde qui provoquerait exclusivement les premiers comme les deuxièmes essaims. Cette ruchée accepterait toujours néanmoins, dit M. Houillon, des reines étrangères quelconques, et d'autant plus volontiers, sans doute, qu'il n'y existerait encore aucune garde des alvéoles royaux, comme le fait aurait toujours lieu pour les ruchées qui ne produiraient point de deuxième essaim. Puis dans l'essaimage naturel et secondaire qui s'en suivrait ordinairement, l'unité de bruissement entraînerait aussi l'unité de reines ; d'où alors seulement après l'essaimage extérieur ou intérieur, une reine acquerrait seule la primauté, comme cela se passe dans toutes les réunions possibles ; car autrement sans le bruissement de l'essaimage, et l'uniformité d'intention qui en résulte pour toutes les abeilles, auparavant divisées en autant de peuplades qu'il pouvait y exister de reines en alvéoles royaux, elles auraient pu généralement toutes se détruire ou se faire détruire les unes les autres.

Ainsi après le départ des seconds essaims, quand les souches qui les ont produits sont comme à l'état de bruissement, la reine qui éclôt la première ou une reine étrangère se voit acceptée par toutes les abeilles aux dépens des autres reines encore au berceau, ainsi que M. Houillon en fait mention au *Journal l'Apiculteur*, août 1860, circonstances et faits qui n'auraient plus lieu plus tard, quand la souche serait revenue de cette situation momentanée de l'essaimage, et que des alvéoles royaux seraient pourvus chacun respectivement d'une garde spéciale et dévouée; dans ce cas la première reine qui surviendrait ne serait accueillie qu'autant que la souche serait restée peu peuplée, et au cas contraire elle pourrait donner lieu à un nouvel essaim.

Fait : quatorze jours après la formation d'un premier essaim artificiel ordinaire, en examinant l'intérieur de la souche qui l'avait produit, j'y aperçus trois alvéoles royaux nouvellement éclos et d'autres prêts à éclore; je fis ensuite réessaimer complétement ce panier, et après un examen immédiat de l'essaim, comme de ses conséquences pendant les douze premières heures, je ne pus y découvrir qu'une seule reine, et cette nouvelle peuplade dès le commencement et dans la suite me donna toujours les caractères d'un essaim parfait : ainsi les deux autres reines écloses avaient dû être tuées auparavant, et la souche, quoique pourvue d'une seule reine, reine qui, de plus, venait d'en détruire déjà deux autres, devait néanmoins, eu égard aux alvéoles royaux qu'elle possédait toujours et à sa forte population, s'attendre encore naturellement à produire un deuxième essaim. La conséquence serait d'écarter, même à l'époque des seconds essaims, la possibilité de l'existence simultanée de plusieurs reines libres dans une même ruchée, tout en motivant le départ des seconds essaims, dont les causes, comme pour les premiers essaims, auraient plus souvent pour motif le contact des abeilles instituées à la garde des alvéoles royaux que la naissance des jeunes reines.

Ce serait ainsi cette influence naturelle et ennemie de la mère régnante qui déterminerait le premier essaim, aussitôt que les premiers alvéoles royaux commencent à se fermer, que la dernière main leur aurait été donnée et que la nature seule semblerait devoir ensuite en opérer le succès ; conséquemment aussi, à cette époque où des doutes cruels, réels, inévitables et prochains sur l'existence plus ou moins avancée de rivalités dangereuses, et ayant modifié sensiblement déjà le caractère des abeilles, pèseraient sur la reine, et celle-ci se sentant inquiétée, essaimerait. D'où l'on pourrait en induire ce principe : que tout essaim naturel quelconque naît de l'opposition entre deux ou plusieurs reines nées, ou sur le point de naître, et que l'essaimage serait d'autant plus probable et plus pressé, que le couvain royal opposé à une reine éclose serait plus avancé, toutes autres circonstances égales d'ailleurs ; car les premiers essaims comme les seconds peuvent manquer pour cause de faits naturels ou artificiels ; mais qu'il ne pourrait jamais y avoir qu'exceptionnellement de premier comme de second essaim possible avec une seule reine, et sans alvéole royal déjà fermé pour la sortie des vieilles reines tout au moins dont l'essaimage n'est qu'une conséquence, et j'aime à croire qu'il en serait de même pour la sortie des jeunes reines.

Qu'ainsi par certains temps, tels que ceux où se

produisent les premiers essaims, quand les ruchées y seraient disposées d'ailleurs, si, avec les précautions voulues, on leur donnait alors du couvain royal déjà fermé, ou mieux des alvéoles en verre ou toile métallique, dans lesquels se trouveraient des reines, peut-être réussirait-on à déterminer des essaims naturels.

9. — **Développement sur la discussion établie en août et juillet 1860 dans le JOURNAL L'APICULTEUR, entre MM. Houillon et Collin, résultant des faits et axiomes qui précèdent.**

En août et juillet 1860, il s'est élevé entre MM. Houillon et Collin, apiculteurs très-distingués, une discussion d'une solution des plus heureuses en apiculture pratique, puisque cette solution peut être appliquée régulièrement sur la plupart des ruchées souches, en général au moins une fois chaque année, avec les conséquences et les résultats les plus importants.

Pourquoi une reine étrangère est-elle toujours reçue dans une ruchée aussitôt après la formation d'un premier essaim naturel, et au contraire refusée après celle d'un essaim artificiel ou forcé?

Dans les cas d'essaims naturels, toutes les abeilles de la souche du dehors comme du dedans sont également sous l'impression de causes analogues à celles de l'état de bruissement et d'essaim, situation que favorise encore pour les essaims primaires l'état présent de la nature, et où les abeilles s'attacheraient toujours à la première reine, étrangère ou non, qui leur est offerte; tandis que dans les cas d'essaims forcés, il n'y aurait à l'état de bruissement et d'essaim et sous des conditions moindres généralement que les abeilles qui auraient subi ce bruissement ou cet essaimage, et l'autre partie resterait en dehors de cet effet.

D'où si M. Collin, dans les cas d'essaims artificiels, avait pris la précaution de mettre toutes les abeilles de ses souches à l'état de bruissement ou d'essaim, soit mieux encore et plus naturellement en plaçant ces mêmes souches à la place de ruchées alors sans reines pour avoir essaimé précédemment, il aurait réussi aussi sûrement à faire accepter de suite à ses souches d'essaims artificiels des reines étrangères que M. Houillon avait réussi à l'égard de celles d'essaims naturels; car les essaims forcés faits avec soin se réunissent aussi sûrement que les essaims naturels, et les permutations des reines peuvent indistinctement s'y opérer et réussir dans un cas comme dans l'autre; seulement pour les essaims forcés, les souches n'y étant pas disposées comme celles d'essaims naturels, il y aurait toujours peu de sécurité à replacer ces souches artificielles de nouvelles reines à leur ancienne place, mais déplacées, les conséquences, quant aux permutations des reines, seront semblables, quoiqu'une jeune reine, dans un cas comme dans l'autre, pourrait peut-être pendant quelques heures s'y voir accueillie avec plus d'indifférence qu'une vieille.

Dix jours cependant après la formation d'un essaim artificiel ordinaire, ayant fait réessaimer la souche où nécessairement il ne pouvait point encore y avoir de reine et ayant donné une jeune reine à l'essaim mis à la place de sa mère, et celle-ci à la place de la souche d'où je venais de prendre cette jeune reine dans son alvéole, cet essaim réussit parfaitement; je crois même en juillet avoir réussi à faire accepter une jeune reine à un premier essaim manqué, après deux ou trois heures d'un séjour forcé et commun dans une même ruche et un changement de rucher.

Toutefois il résulterait de la théorie de MM. Hubert et Hermann que, par le sel de nitre, le remplacement d'une vieille reine par une jeune serait immédiatement possible; de même que d'autre part aussi, ce fait aurait lieu dans un essaim fait avec les abeilles d'une ruchée qui aurait essaimé depuis quelques jours seulement, et qu'ainsi le sel de nitre obtiendrait de suite l'effet que naturellement l'on n'obtient que vingt-quatre à quarante-huit heures après le départ d'un premier essaim (ces deux questions ensemble d'un résultat identique demandent vérification), et, sauf une étude plus approfondie sur ce sujet, il résulte présentement qu'une vieille reine suffit toujours pour maintenir tout essaim nouvellement fait, et une jeune, très-rarement, difficilement et pas aussi bien d'abord (voir le *Guide du propriétaire d'Abeilles*, seconde édition de M. Collin, articles 43 et 44, et l'opinion de M. Houillon à ce sujet, rappelée à l'article 6 de ce mémoire).

D'où une jeune reine, au sortir de son alvéole, réussit toujours, et ne réussirait ainsi le plus sûrement dans toute nouvelle souche d'essaim artificiel surtout, que, d'une part, parce que ces abeilles ne continueraient de l'habiter que sous l'influence du jeune couvain, et que, d'autre part, comme tout nouvel essaim, elles resteraient indifférentes d'abord à cette jeune reine et lui permettraient ainsi de sortir et de rentrer à volonté, puis elles ne pourraient que lui devenir de plus en plus favorables. Tandis que, d'un autre côté, une nouvelle jeune reine en ce cas restant toujours d'abord sans influence sur cette population, n'éprouvant pas, comme dans les essaims naturels, le sentiment d'une rivalité ni d'une contrainte de la part des abeilles, puisqu'elle serait seule reine de sa ruchée et sous l'influence de l'essaimage, toujours si propice aux solutions, elle doit nécessairement s'y fixer, et avec le moins de risques possible de pouvoir jamais échouer. Mais en ces cas, pour éviter de voir dépeupler ces ruches, outre qu'il faut toujours leur laisser le plus de monde possible, ce qui n'offre d'ailleurs aucun inconvénient, il faut en outre les déplacer de rucher, ou bien préférablement encore sous tous les rapports, les replacer aux lieu et place d'une ruchée qui a essaimé depuis onze à douze jours au plus.

10. — L'interrègne entre le départ de l'ancienne reine et l'arrivée de la nouvelle est et doit être le plus court possible.

Aussi en faisant accepter une jeune reine à une ruchée, aussitôt après le départ de son premier essaim, M. Houillon, dans cette expérimentation, n'avait fait qu'imiter en l'aidant la loi naturelle qui est : la reine part, vive la reine ! et une reine seule : cas qui peut se présenter de lui-même, quand une jeune reine éclôt immédiatement après le départ d'un premier essaim, et dont tout essaimage, par ses séparations comme par ses solutions, tend toujours à rétablir cette unité de mère dans chaque peuplade ; que la question non moins capitale de la conservation et de la perpétuité

de l'espèce, avait pu seule interrompre momentanément; et les premiers alvéoles royaux operculés, qui
précèdent toujours les départs des premiers essaims,
de même que les préparatifs et alvéoles royaux à la
Scirac, suite naturelle des essaims forcés, témoignent
aussi de ce principe.

Aussi tout semble se passer toujours naturellement
et sans la moindre déviation, pour amener sans retard
le retour d'une seule reine; et donner une jeune
mère ou alvéole royal le plus avancé à une ruchée qui
vient d'essaimer artificiellement, c'est agir en conformité des voies que la nature emploie elle-même, et
l'aider avantageusement dans ses instants les plus cri-
tiques.

11. — Manière d'obtenir et de conserver des reines, par M. Houillon.

On doit également à M. Houillon, ainsi qu'il en
est fait mention au *Journal l'Apiculteur*, août 1860,
page 331, l'idée première, sur un moyen d'obtenir et
de conserver des jeunes reines à volonté.

« J'ai, dit-il, des petites boîtes de bois ou de toute
» autre matière dure, que les abeilles ne peuvent ronger;
» un des fonds est vitré, sur l'autre fond intérieur, je
» place une petite portion de rayon de miel, de manière
» à ne pas engluer les abeilles, j'y introduis une reine
» ou alvéole royal prêt à éclore, avec ou non quelques
» abeilles, et je place cette boîte sous une ruchée dis-
» posée de manière à lui conserver une chaleur né-
» cessaire. »

3

12. — Théorie sur les moyens d'empêcher les deuxièmes essaims, soit par l'adjonction des jeunes reines, soit par déplacement des ruchées.

Ainsi, dans tous les cas d'essaims artificiels ordinaires, où les conditions de bruissement ou d'essaimage pour toutes les abeilles auraient été bien observées, non-seulement une reine étrangère quelconque serait bien acceptée de suite dans la souche ; mais quelle que soit du reste la population restée à la mère-ruche, cette circonstance ne pourrait jamais donner lieu à un second essaim, puisque cette reine n'aurait pas d'opposants pour la contraindre et l'obliger ainsi à essaimer, et qu'il y aurait solution, puisqu'il y aurait eu essaim.

En admettant, comme on en est convenu généralement, et ce que j'aime à croire, que le temps de l'incubation des reines est de seize jours, de ce qu'après la formation d'un essaim artificiel ordinaire, il en éclôt après onze jours seize heures, dit M. Collin, il en résulterait que les abeilles pourraient en élever avec du couvain de quatre jours huit heures déjà, puisque onze jours seize heures et quatre jours huit heures égalisent seize jours, temps de durée admis pour l'incubation des reines.

En admettant comme principe l'observation faite par M. Collin, sur une souche d'essaim artificiel ordinaire, qui, n'ayant point encore d'alvéoles royaux éclos après treize jours dix-sept heures, essaimait après quatorze jours dix-huit heures, il en résulterait que les souches dont les reines éclôraient après onze jours seize heures,

et quelquefois moins, pourraient aussi essaimer de même
après douze jours seize heures et quelquefois moins,
ou que l'intervalle de temps le plus court qui pourrait
s'écouler entre les départs des seconds essaims artificiels ordinaires et leurs premiers serait de douze jours,
il y a des seconds essaims qui ne partent même qu'après
dix-huit jours : ces cas ne peuvent arriver, je suppose,
que quand des mauvais temps ont retardé ces essaims,
et que tout à la fois il se rencontre dans ces ruchées
des alvéoles royaux provenant d'œufs non couvés d'abord ;
car autrement, jusqu'à preuve contraire, toutes les
reines étant arrivées au terme de leurs seize jours, éclô-
ront toujours et provoqueront aussitôt, soit un combat,
soit une solution par l'essaimage.

Si la reine que l'on donne à une nouvelle souche
d'essaim artificiel ordinaire (c'est-à-dire, alors sans
couvain royal) venait à périr, auquel cas les abeilles
éleveraient toujours des alvéoles royaux à la Scirac, on
s'en apercevrait aisément dans les douze à treize jours
qui séparent ces essaims artificiels de leurs seconds
essaims, en ce que dans ces mères-ruches on re-
marquerait du couvain de reines, et qu'on ne pourrait
y trouver aucune nouvelle ponte ; tandis qu'en cas
contraire, si la reine étrangère avait réussi, il n'y
existerait non-seulement aucun couvain royal, mais on
devrait généralement, ou toujours dans un intervalle
de douze jours, y découvrir des œufs de la nouvelle
reine, puisque, comme l'a si évidemment démontré
M. Collin, dans le *Journal l'Apiculteur,* 1861, p. 329
à 332, toute nouvelle reine met et ne met jamais que
onze jours avant de commencer à pondre.

Onze à douze jours après la formation des premiers

essaims artificiels ordinaires, et dans tous les cas, un jour ou deux avant l'éclosion du couvain royal le plus avancé, on peut toujours faire avorter un deuxième essaim, en déplaçant dans le même rucher la souche qui le produirait sans cela; préférablement, sans qu'il y ait cependant obligation, au moment où une partie de la population de cette souche serait en campagne, car il en résulterait immédiatement pour cette ruchée un dépeuplement et surtout un déplacement qui, tout en provoquant un dépeuplement, paralyse surtout le travail, partant le mouvement et la chaleur; et c'est un fait bien connu, que par les temps contraires, les abeilles, non-seulement n'élèvent point de couvain royal, mais détruisent parfois celui qui existerait, comme elles s'attaquent aux bourdons lorsqu'ils sont hors d'à-propos.

En traversant une ruchée déplacée depuis un jour ou deux seulement, on remarque que la population qui lui reste est faible, et composée en grande partie d'abeilles toutes nouvelles, qu'ainsi, dans les cas de seconds essaims, les alvéoles royaux doivent être peu défendus par les abeilles, ensuite d'un déplacement opéré un jour ou deux au plus avant l'heure décisive d'une solution obligée, et qui doit dès lors s'effectuer d'autant mieux sans essaimage. Il ne faudrait pas non plus s'étonner, si ces ruchées restaient plusieurs jours avant de pouvoir reprendre un travail sérieux, puisque toutes les ouvrières en état de travailler ont été reportées ailleurs; il n'y a donc aucune perte de produit pour l'apiculteur, seulement il est essentiel que ces ruchées possèdent alors des provisions suffisantes.

Onze à douze jours après un premier essaim artificiel,

le couvain de la souche qui l'a produit étant en majeure partie éclos (le couvain met vingt-deux jours pour se former), et le surplus prêt à éclore, il n'y a pas lieu non plus, en déplaçant cette souche, de causer aucun préjudice au couvain.

Mais il est surtout très-à propos et très-avantageux de faire alors un premier essaim qui reste à la place de sa mère-ruche, tandis que cette dernière, à laquelle on rend une partie suffisante de son monde sorti avec l'essaim, est mise à la place de la ruche déplacée auparavant, pour en empêcher le second essaim, et en reçoit ainsi toute la population la plus propice à la réussite d'une nouvelle mère abeille, qu'il est toujours des plus importants de donner dans ces circonstances à une nouvelle souche d'essaim artificiel, tant au point de vue du départ ultérieur d''un second essaim qu'elle empêche par là même, que pour les avantages d'obtenir en outre plus *sûrement* et de bonne heure une génération abondante, ce qu'elle n'aurait déjà pu obtenir sans cela au plus tôt que douze jours après.

Vingt-quatre ou quarante-huit heures après un premier essaim, et jusqu'au jour du déplacement de la souche pour en empêcher le second essaim, les abeilles de celle-ci offrent à la manipulation de l'apiculteur les mêmes avantages et mieux qu'à l'époque du dernier déplacement, puisque à partir du onzième jour de l'essaimage, déjà certaines ruchées qui auparavant accueillaient toujours des abeilles étrangères et qui en auraient été accueillies de même, pourraient cependant ne plus l'être ensuite des abeilles d'une ruchée ordinaire, c'est-à-dire, dont la reine règnerait librement. En donnant des jeunes reines à de nouvelles souches d'essaim, et mises ensuite à la place de ruchées déplacées pour en empêcher les seconds essaims, ces nouvelles reines ont échoué parfois, quand les seconds essaims des ruchées qu'elles déplaçaient avaient eu leur effet sans que je m'en fusse aperçu.

Ainsi un jour ou deux après la formation d'un essaim artificiel, les abeilles de la souche étant devenues naturellement propices à la réussite d'une jeune mère (Hubert dit vingt-quatre heures. Voyez sixième lettre, 28 août 1791), on pourrait déjà conséquemment lui substituer la souche d'un nouvel essaim à laquelle on aurait donné une jeune reine avec la certitude du succès de cette opération, et la ruchée sans reine, déplacée après deux jours seulement, pourrait être substituée à son tour, aux lieu et place de celle qui vient d'essaimer, de telle sorte que pour faire réussir par ce moyen des jeunes reines dans les ruchées aussitôt que celles-ci ont fini d'essaimer, il suffirait d'avoir dans son rucher un ou plusieurs paniers qui aient essaimé depuis un jour au moins, et jusqu'au moment où il deviendrait urgent de les déplacer pour empêcher le départ des seconds essaims; de cette manière, les souches resteraient toujours suffisamment peuplées. Dans ces cas, on transporterait alors chaque nouvel essaim fait dans un autre rucher, de peur que, restant dans le même, il ne se dépeuplât trop.

Immédiatement après la période des seconds essaims et jusqu'à l'époque de la nouvelle ponte, je suppose, on pourrait aussi et perpétuellement obtenir un semblable résultat avec ces mêmes ruchées dont on aurait préalablement enfermé indéfiniment les reines dans des alvéoles de toile métallique; ces ruchées pourraient sans doute encore nourrir ainsi des quantités indéfinies de reines dont on pourrait toujours disposer en toutes circonstances opportunes.

15. — Avantages des essaims précoces et conséquemment utilité de régénérer les reines le plus tôt possible.

Quand on réfléchit qu'un kilog. d'abeilles, après l'hiver, a pu dépenser de septembre en avril 8ᵏ de miel.

Qu'à l'entrée de la saison morte, 1ᵉʳ septembre, il formait un essaim de 1,500 grammes d'abeilles environ, qui avaient pu coûter pour se former . . . . 3ᵏ de miel.

Total de la valeur du kilog. d'abeilles au 1ᵉʳ avril. . . . . 11ᵏ de miel, tandis qu'au printemps, un kilog. de nouvelles abeilles et mieux portantes que les anciennes ne coûte jamais que deux kilog. de miel, la cinquième partie de la dépense de celles qui ont passé l'hiver, il est aisé de concevoir de là tous les avantages qu'il y aurait de multiplier les abeilles, conséquemment les essaims le plus tôt possible ; ce n'est pas encore là l'unique avantage. M. Collin, dans son *Guide du propriétaire d'abeilles*, nous en signale un autre peut-être non moins important.

14. — Soins à donner aux ruchées après l'essaimage, afin de procurer le plus promptement possible des reines à celles qui en manqueraient et de remplacer celles qui pourraient être défectueuses.

11 à 12 jours après la formation d'un premier essaim, au moment d'en déplacer la souche pour empêcher le second essaim, si on adjoint à cette souche du couvain

ordinaire en œufs, les abeilles transformeront ces œufs en couvain royal qui ne pourra ensuite être détruit qu'autant qu'une des jeunes reines, sur le point d'éclore, aurait réussi, ou une reine anormale ; d'où, quelques jours après la période des seconds essaims, on pourrait s'assurer de la présence d'une nouvelle reine dans une ruchée, soit par l'absence de nouveaux alvéoles royaux, soit, mais moins sûrement, en présentant à cette ruchée des abeilles provenant d'un essaim nouvellement fait, ou encore en extrayant des abeilles de la ruchée pour les présenter à d'autres pourvues de reines : car dans ces cas, si une jeune reine a réussi, elle aura empêché et détruit tout nouveau couvain royal, et n'accueillerait point les abeilles qu'on lui présenterait, tandis qu'au cas contraire, les circonstances contraires devraient aussi avoir lieu.

Que si, dans les conditions précitées, certaines ruchées avaient refusé de transformer du couvain ordinaire qui leur aurait été ainsi offert en alvéoles royaux et restaient néanmoins dans des conditions anormales, c'est-à-dire, possédaient du couvain anormal, soit une continuation de ponte de bourdons (je dis continuation, car s'il y avait interruption, c'est que le mal serait guéri), soit une ponte d'abeilles qui restent toujours stériles, etc..., alors sans perdre davantage un temps précieux, ou il faudrait opérer l'enlèvement de la cause du mal par l'essaimage et la saisie ensuite de la reine, si c'était une reine, ou il faudrait mettre ces ruchées à l'état de bruissement afin de pouvoir en faire détruire les principes anormaux, en les plaçant ainsi préparées aux lieu et place des ruchées qui posséderaient tous leurs droits. Dans ces conditions, on pourrait adjoindre sans danger à ces ruchées anormales les reines des ruchées bien organisées, tandis que celles-ci, aussi mises à l'état de bruissement et privées de leurs reines, occuperaient les places des ruchées orphelines dont elles recevraient ainsi, il y a lieu de le supposer, favorablement les abeilles. Dans ce dernier cas, les ruchées privées ainsi de leurs reines pourraient toujours s'en reformer naturellement au bout de douze jours, et l'on pourrait sans doute encore leur en ingérer de suite de nouvelles, à la condition de les laisser 24 à 48 heures enfermées dans des alvéoles en toile métallique, ou comme je l'ai fait jusqu'alors, sous des plaques de fer-blanc trouées suffisamment, et par ces moyens tout pourrait ensuite aller pour le mieux ; ou encore, et plus sûrement, mettre ces ruchées à l'état de bruissement et pourvues de jeunes reines aux places de celles qui auraient essaimé depuis environ 48 heures, et celles-ci aux places des ruches orphelines.

Il n'en serait pas tout à fait de même si on réunissait ces ruchées orphelines à des ruchées mieux organisées, ainsi que M. le Président de la Société d'Apiculture le fait observer dans le *Journal l'Apiculteur,* octobre 1861, page 15 : car, ou il les réunirait à des ruchées éloignées, et dans ces cas les abeilles qui retourneraient à leurs anciennes demeures, et elles pourraient y retourner en majeure partie, se verraient ensuite tuées par les paniers voisins, ou il les réunirait entre voisins, ce qui est généralement conseillé, et dans ces réunions où les abeilles des unes et des autres ruchées n'auraient point subi les effets du bruissement, les bonnes reines pourraient se voir détruites sans que cela paraisse d'abord, voir M. Collin, *Journal l'Apiculteur,* n° de septembre 1861, pages 371 et 372 :

« Je ne vois dans mes notes que deux exemples sans
» réussite. La première date de 1855. En août, un bel
» essaim sans bâtisse, provenant de la chasse des abeilles
» de deux colonies, et transporté à une distance de trois
» kilomètres, a été placé par dessus une ruchée bour-
» donneuse, mais, le lendemain, il est parti pour aller
» je ne sais où. Le second exemple date de 1861. Un essaim
» naturel, mais tardif, placé après la mise en ruche sur
» une orpheline, est retourné le lendemain à sa souche,
» ce second essaim était aussi sans bâtisse. » Il est évident
qu'il devait en être ainsi, car ces réunions avaient lieu
au profit des ruchées orphelines, et il paraîtrait, avec
raison, que les abeilles provenant de ruchées normales
s'associent moins bien à des ruchées anormales que
dans le cas contraire.

Quant aux réunions de ruchées orphelines que M. Collin
a pu réussir, M. Rativeau a reconnu comme moi,
comme M. Collin lui-même, de qui j'ai eu l'avantage
de l'apprendre, que sur huit cas de ruchées bourdonneuses, cinq acceptent toujours sans aucune précaution
les premières reines venues qu'on peut leur présenter,
celles principalement qui élèveraient de faux alvéoles
royaux, ce que les ruchées non peuplées, bourdonneuses
ou non, n'élèveraient jamais qu'en l'absence de toute
reine, de quelque nature qu'elle puisse être.

15. — Facilité de réunion toute spéciale et susceptible des plus
heureuses conséquences pendant l'intervalle du premier au
deuxième essaim, surtout en vue de la production des miels fins.

Par le moyen qu'on peut toujours aisément repeupler
sans crainte une ruchée avec des abeilles provenant de
paniers sans reines dans l'intervalle des premier et

deuxième essaims, on a un moyen par là aussi de repeupler, pendant la bonne saison, non pas tant toutes les ruchées non peuplées, que celles qui pourraient déjà l'être trop, et qui résisteraient dans ce dernier cas le plus aux réunions, soit parce que l'excès de chaleur qui existe toujours dans les fortes ruchées serait peu propice aux réunions, puisqu'elle y détermine ordinairement l'effet contraire ou l'essaimage, soit parce que, sur une forte population, il serait surtout difficile d'amener toutes les abeilles à un état de bruissement nécessaire ; et quand la campagne se présentera pour quelques jours heureuse, de pouvoir sûrement, indistinctement et promptement toujours repeupler les ruchées que l'on suppose les plus conformes à la production des miels fins, et par là même obtenir ceux-ci abondants et variés : qualités qui procureraient aux miels de nombreux et avantageux débouchés, en les faisant pénétrer davantage dans l'alimentation comme objet de table et même de luxe.

Pour ces ruchées, il serait bon de n'employer que des reines auxquelles on aurait auparavant coupé le bout des ailes, et d'éviter par là déjà toute perte de premier essaim, qu'on a plus particulièrement à redouter dans ces circonstances, en ne laissant plus ainsi subsister que les risques des seconds essaims que l'on peut toujours facilement empêcher par le déplacement.

16. — Effets comparés du corbillon et de la rehausse sur les départs des essaims.

Dans les ruchées le miel occupant d'abord les parties supérieures et latérales, le pollen venant immédiatement ensuite, puis la reine et son couvain toujours

réunis et concentrés à la partie inférieure de la ruche,
dans la circ la plus pure, la plus légère et la plus
nouvelle, afin d'utiliser pour la prospérité du couvain
la plus grande somme possible de la chaleur de la
peuplade; ainsi l'abeille commençant toujours son travail
par le haut, pour ensuite redescendre en remplissant
de miel et de faux miel successivement les alvéoles vides
supérieures ; la reine et son couvain occupant de même
successivement les parties les plus inférieures de chaque
ruchée et abandonnant celles qui sont supérieures au
fur et à mesure qu'elles se trouvent garnies de miel et
de faux miel;

Il en résulte que si dans une ruchée, il y avait empêchement pour les abeilles de pouvoir prolonger leurs
travaux par le bas, celles-ci continuant toujours à remplir
de miel et de faux miel la partie de leur ruchée la plus
immédiatement supérieure au couvain, la reine man-
quant dès lors des alvéoles nécessaires à sa ponte,
devrait perdre ses œufs ou les déposer dans des alvéoles
royaux que les abeilles préparent ordinairement dans
ces circonstances; et que si ce fait de la plus haute
importance en apiculture, avait lieu dans un de ces
instants exceptionnels et les plus propices aux essaims,
comme il s'en est présenté dans les premiers jours d'août
1861, où une ruchée pouvait amasser jusqu'à deux
kilogrammes d'un jour, en ce cas, il pourrait en résulter
des essaims, avant même que des alvéoles royaux soient
operculés et tout aussitôt que des œufs auraient été
déposés dans ces mêmes alvéoles.

Il résulterait alors de cette irrégularité dans le départ
des essaims, que je n'ai encore eu lieu de constater sérieusement qu'en août 1861, que ce ne serait peut-être pas

tant l'âge des alvéoles royaux qui agirait sur les reines pour les contraindre à essaimer, que l'attachement plus ou moins précoce et plus ou moins vif que les abeilles porteraient à ces alvéoles et qui affecterait assez la reine pour l'obliger à essaimer.

De cette manière s'expliqueraient encore ces départs précipités d'essaims dans les instants d'orage et à certaines heures, ou, au contraire, parfois leurs retards exceptionnels; et, peut-être aussi, y aurait-il lieu de pouvoir constater plus prématurément comme plus tardivement aussi des cas où des abeilles provenant de ruchées qui ont essaimé depuis plus de vingt-quatre heures, et dans l'intervalle du premier au deuxième essaim, cesseraient d'être accueillies naturellement par toutes ruchées ordinaires auxquelles elles seraient présentées, tout en conservant cependant ces facilités sympathiques et naturelles pour leurs paires et les ruchées en bruissement.

Ainsi et de même pour les départs des seconds essaims, les ruches peuplées, surexcitées par un temps propice, essaimeront plus volontiers, tandis qu'en cas contraire, là où il n'y a pas d'opposition, pas d'abeilles désignées à la garde des alvéoles, il n'y aura pas de second essaim, et pour les premiers comme pour les seconds essaims, le déplacement des ruchées, en leur ôtant toute leur activité, et en les privant de toutes leurs abeilles les plus vigoureuses, est le plus sûr moyen de les empêcher.

Mais les ruchées essaimeraient le plus rarement possible, quand il se rencontre à la partie inférieure de chaque ruchée suffisamment d'espace vide, qu'une rehausse en bas procure toujours.

Un corbillon au contraire placé à la partie supérieure

de la ruche, et séparé des travaux de la reine par un intervalle rempli de miel, ne mettrait empêchement aux
départs des essaims que très-imparfaitement. Vide, il ne
conviendrait pas encore à la reine, et ses rayons, au fur
et à mesure que les abeilles les construiraient, elles les
rempliraient aussi de miel et du plus pur, en continuant
à déposer le pollen dans la partie de la ruchée toujours
la plus immédiatement supérieure au couvain dont,
par cela même, comme par un excédant aussi de miel,
elles rétréciraient de plus en plus l'espace déjà insuffisant,
ce à quoi les abeilles ne pourraient remédier qu'en
reportant une partie de ce miel dans le corbillon, ce
qu'elles feraient difficilement. Rien que la plus mince
planche, quoique trouée suffisamment pour permettre
aux abeilles de passer aisément, placée dans la partie
supérieure d'une rehausse, pour en séparer le vide du
corps principal d'une ruchée, crée souvent un obstacle
suffisant à la reine pour la déterminer à essaimer, plutôt que de se résoudre à le franchir; car une reine
est le pivot de la peuplade, dont les moindres déplace-
ments dérangent toutes les parties; et tout dérangement
de sa part pouvant produire un mouvement sensible dans
la ruchée, et par là une chaleur insupportable qui
oblige les abeilles à sortir, peut aussi déterminer la reine
à suivre celles-ci et à essaimer.

Mais de ce que, dans chaque peuplade d'abeilles,
l'ordre des travaux est partout établi, que le miel doit
occuper d'abord la partie supérieure de la ruchée, puis
le pollen et enfin la reine, son couvain et sa peuplade,
il en résulte qu'il ne peut y avoir ensuite de travail
dans le corbillon qu'autant qu'il y aurait dans la ruchée
suffisamment de chaleur et de population pour qu'il y ait

reflux d'une partie des abeilles dans ce cobochon, qu'alors celui-ci sera toujours exempt de faux miel, mais qu'aussi les corbillons seraient tout ce qu'il y aurait de moins efficace pour prévenir les départs des essaims.

Dans un essaim nouvellement fait, comme dans toutes les ruchées, si l'on aperçoit toujours immédiatement après quelques alvéoles du miel le plus pur, d'autres alvéoles au contraire garnies entièrement de pollen, tandis qu'ensuite partout ailleurs ce pollen se trouve disséminé ici et là, cela indique non-seulement l'ordre dans lequel les abeilles déposent leurs produits, miel d'abord, pollen ensuite et couvain, renseignements qu'on peut mettre à profit pour l'obtention des miels fins ; mais cela indiquerait aussi que dans les premiers moments des essaims, les abeilles n'ayant point encore de couvain pour consommer le faux miel au fur et à mesure qu'elles l'amassent, elles l'accumulent alors au-dessus des habitations de la reine.

Dans les ruchées orphelines, le temps que ces ruchées restent privées de couvain étant plus prolongé, le pollen doit s'y accumuler en plus grande quantité que partout ailleurs, de même que dans les ruchées à capacité trop restreinte, et dans les ruchées conséquemment trop garnies de miel aussi : ce qui indiquerait que le faux miel servirait principalement à la nourriture du couvain.

17. — **Moyen d'arrêter toutes générations et tous départs d'essaims, particulièrement après la période des seconds essaims.**

De ce qu'après le départ des premiers essaims, les abeilles des souches ainsi dépourvues de reine continuent d'habiter leur ruchée et d'y travailler parce qu'il y existe du couvain, l'espérance d'une nouvelle reine ;

De ce qu'après le départ des premiers essaims, et jusqu'à ce que les nouvelles reines soient déjà agées de onze jours, il y a cessation entière de ponte dans les ruchées ;

De ce que dans les cas d'essaims artificiels ordinaires, la jeune reine qui naîtra ensuite (dit M. Collin, *Journal l'Apiculteur*, 1861, page 332) restera onze jours reine de sa ruchée avant de pouvoir y pondre, et que conséquemment, du 15e ou 18e au 23e jour après la formation d'un essaim artificiel ordinaire, je suppose, il existerait une reine dans chaque ruchée, mais sans aucune possibilité ensuite d'en créer une seconde :

Alors en s'emparant de cette jeune reine, et en la rendant ensuite à sa ruchée, mais enfermée dans une boîte de fer-blanc, percée de trous qui permettent à ses abeilles de la nourrir et conserver ainsi (ou dans un étui de toile métallique comme l'indique M. Hamet, *Journal l'Apiculteur*, 1861, page 336), on pourrait obtenir une ruchée placée dans les mêmes conditions que les ruchées naturelles à alvéoles royaux prêts à éclore, qui comme eux accepterait simultanément, ou peut-être toujours encore toute autre reine qu'il plairait de lui donner, de même qu'elle accepte en ce cas toute adjonction d'abeilles étrangères, hors cependant que ses abeilles ne seraient point reçues dans les ruchées à reines libres, ou dans leur état habituel, mais non en bruissement. Ainsi cette peuplade continuerait de travailler comme les autres ruchées, et par l'adjonction d'une population excédante qu'il serait toujours facile de lui donner, on pourrait obtenir sûrement à la partie supérieure de sa ruchée les plus beaux corbillons de miel, tandis qu'à sa base, où se trouverait la reine, les abeilles y accumuleraient le pollen, sans jamais ainsi pouvoir reproduire ni couvain ni essaim; cette reine ainsi enfermée suffisant, je pense, pour arrêter dans sa ruchée toute ponte bourdonneuse simple (attendu que le trevas d'une ruchée ainsi bourdonneuse quitte sa ruchée et est accueillie des ruchées à reines libres, tandis qu'il n'en est pas ainsi d'un trevas d'une ruchée à reine enfermée), et ne pouvant cependant s'y reproduire, ainsi que ces phénomènes se passent de même naturellement dans l'intervalle du premier au deuxième essaim.

De ce qu'une reine enfermée peut maintenir même dans une ruche vide la population d'un essaim, et l'engager à y travailler; de ce qu'ensuite il suffit de séparer cette ruchée de sa reine et de sa position primitive pour obliger les abeilles à en abandonner les premiers travaux, par cela même on a un moyen facile de pouvoir se précautionner de bâtis pour le printemps suivant et des bâtis les mieux garnis de pollen, choses et considérations très-propices aux premiers essaims.

C'est ainsi que le 17 septembre 1861, ayant eu l'honneur de faire hommage de ce mémoire sur l'apiculture à la Société d'Émulation des Vosges, je présentai à la Commission d'agriculture de cette Société un échantillon de ce travail artificiel, composé, savoir :

1° D'une ruchée, dont les alvéoles avaient conservé toute leur blancheur primitive, étant toujours restées vierges de toute ponte, où il existait peu ou point d'alvéoles de bourdons, et aucune tendance conséquemment à devenir bourdonneuse, quelques ébauches de nouveaux alvéoles royaux, ou tentatives infructueuses

4

des abeilles pour se procurer des reines, ce qui indiquerait que ces ruchées en éleveraient d'abord volontiers
ainsi autant qu'on pourrait le désirer, comme ce fait
doit avoir lieu également dans les ruchées bourdonneuses
simples, où le pollen non employé à la nourriture du
couvain avait dû s'accumuler, et présentant du reste
tous les autres caractères d'une ruchée ordinaire.

2° D'une autre ruchée de miel de choix sans faux
miel, ni couvain, du poids déjà remarquable de quatorze kilogrammes de miel, fruit de ces procédés, et
obtenue malgré toutes les difficultés et les risques
d'un essaimage le plus nombreux que j'aie eu à redouter
dans ma pratique de l'apiculture.

Les conséquences de ces principes seraient :

1° De pouvoir régler quand on le voudrait et comme
on le voudrait la quantité de ruchées à conserver d'après
l'époque ou la richesse mellifère passée, présente et sup-
posée de chaque année, ce qui en ferait conséquemment
la plus sûre garantie de l'apiculture contre les mauvaises années ;

2° De pouvoir combattre victorieusement l'étouffage,
qui aura toujours sans cela parfois quelques raisons d'intérêt pour prévaloir, les bonnes comme les mauvaises
années, mais surtout ces dernières : ainsi 1860, où les
trois quarts au moins des abeilles en France ont été
étouffées, ou sont mortes de faim, ce qui produit encore
moins ;

3° Et, de ce que l'on peut toujours aisément obtenir
des ruchées dont il est possible d'isoler les reines dans
l'intervalle qui sépare leur deuxième essaim du jour où
elles recommenceront à pondre ; par le moyen que les
ruchées à reines enfermées accueillent sympathiquement

toute population, hors les abeilles de reines à l'état libre et non en bruissement, et qu'on peut sans combats, sans danger d'essaims, repeupler indéfiniment ces ruchées ; et de ce que les abeilles déposent toujours le pollen où il plaît à la reine de résider : en enfermant celle-ci à la partie inférieure de sa ruchée, où elle fixe de préférence sa résidence, on obtiendrait ainsi sûrement des miels fins comme on le voudrait et à toutes les époques de l'année.

Prochainement j'espère étudier encore plus mûrement ces questions du plus haut intérêt en apiculture, et établir des rapprochements entre les produits comparés de ruchées d'égale population dont les unes seraient ainsi préparées, et les autres laissées dans leur état naturel.

Et, de même qu'au printemps, par la multiplication des reines et des essaims à volonté, on a tout lieu d'en espérer les plus heureux résultats, de même en été, de ces nouveaux moyens de réunir les abeilles, qui permettront un jour de réduire et régler avec profit les générations onéreuses de fin d'année, on n'a pas lieu peut-être d'en espérer des avantages moindres.

18. — Produits comparés pendant l'été entre populations de différents poids.

Par plusieurs expériences comparatives faites sur plusieurs essaims nus dont, fin de mai, les uns se composaient seulement du poids de 550 grammes d'abeilles et les autres de 1,100 grammes, toujours ces essaims, sans distinction, avaient maintenu leur poids relatif après les quarante premiers jours ; au-delà les essaims du poids de 550 grammes ont pris le dessus, sans doute par suite de l'abondance naturelle, tandis qu'ils se seraient maintenus, si les temps étaient devenus contraires comme en 1860, je suppose, où deux essaims ainsi faits comparativement en mai, sont morts tous les deux de faim dans la deuxième quinzaine d'octobre suivant.

19. — Produits comparés pendant l'hiver entre populations de différents poids.

Pendant l'hiver, au contraire, une peuplade d'abeilles de 1,900 grammes aurait consommé, du 26 novembre au 14 avril, 7 kilog. 350 grammes de miel, ci. 7^k 350^g tandis qu'une autre de 1,100 grammes d'abeilles aurait aussi consommé dans le même temps 5 kilog. 600 grammes, ci. . . . . 5^k 600^g

La différence de population entre ces deux peuplades, qui est de 800 grammes d'abeilles, aurait ainsi dépensé. . . . . 1^k 800^g

Ce qui donnerait dans l'intervalle du 26 novembre au 14 avril, pour une population de 1,100 grammes d'abeilles, une dépense moyenne par 100 grammes d'abeilles d'environ. . . . . 0^k 500^g de miel, et pour la population excédante de 800 grammes d'abeilles, une dépense aussi moyenne par 100 grammes d'abeilles, de. . 0^k 220^g

Différence économique par 100 grammes d'abeilles. . . . . 0^k 280^g au bénéfice des excédants de population des ruches peuplées sur celles ordinaires. Différence qu'on pourrait élever à 300 grammes pour les sept mois d'hiver, en admettant que pendant les deux premiers mois qui sont les moins froids, les abeilles consommeraient à peu près en raison de leur population.

Il résulte de ces calculs qu'une population isolée de 1,000 grammes d'abeilles après l'hiver coûtant de nourriture . . . . 8^k de miel, pour avoir été élevée . . . . $\underline{3}$ —
reviendrait à . . . . $\overline{11}$ —

Qu'une population de deux kilogrammes d'abeilles coûterait. . . . . 22^k
moins une économie de 300 grammes de miel par 100 grammes d'abeilles excédantes, pour un kilogramme, soit . . . . $\underline{3}$

Resterait 19
dont la moitié pour la dépense d'un seul kilogramme d'abeilles serait de. . . . . 9^k 500g
et que le kilogramme d'abeilles nouvelles au printemps ne reviendrait qu'à . . . . 2^k

20. — Conclusion de ces comparaisons en faveur des essaims précoces.

D'où l'avantage des réunions, qui seraient un peu exagérées à deux kilogrammes d'abeilles par ruchée, ne consisterait pas tant peut-être dans l'économie de la dépense que dans les conséquences heureuses qui en résultent pour la santé des abeilles. L'avantage surtout qui résulte de réunir les abeilles en grand nombre, c'est de les prémunir ainsi mieux contre les grands froids et leurs conséquences nombreuses et fâcheuses; or un kilog. d'abeilles, à l'entrée de l'hiver, résiste plus ou moins bien aux froids, mais résiste, car les ruches ordinaires n'ont naturellement pas plus de 800 grammes à un kilog. d'abeilles en décembre : donc un demi-kilog.

au printemps suffirait à un essaim précoce, si l'on avait la précaution de lui conserver un bâtis.

Les avantages des bâtis pour les essaims, à une époque où il fait encore froid, et où les abeilles ont souvent peine à trouver leur nécessaire, sont de fournir à la ponte de la reine un travail tout fait ; de diviser par portions les ruches, quelque volumineuses qu'elles puissent être, et de réduire par là les habitations des abeilles aux compartiments qu'elles habiteront réellement ; de couper l'air, par là, d'en amoindrir les effets contraires, et d'être des obstacles de premier choix contre la déperdition de la chaleur naturelle des ruchées si profitable au printemps.

On voit par les chiffres qui précèdent quel bénéfice il y aurait à multiplier de bonne heure les abeilles, que les faibles ruchées alors tendent à amasser chaque jour davantage proportionnellement aux fortes, et que celles-ci auraient bien vite perdu les avantages des réunions d'hiver pour peu qu'on tarderait à les faire essaimer ; d'autant plus encore, comme le fait remarquer très-justement M. Collin, que les ruchées fortes élèvent toujours plus et beaucoup plus tôt du couvain de bourdons que celles moins peuplées, étant plus échauffées sans doute. Voyez à ce sujet le paragraphe 168 de la seconde édition du *Guide du propriétaire d'abeilles*, où il est dit :

21. — Fait cité encore par M. Collin à l'appui de ces conclusions.

« Je n'ai eu qu'une seule fois l'occasion de me re-
» pentir d'avoir laissé trop de miel aux ruches. Les
» abeilles, en 1840, n'ont commencé à gagner du
» poids qu'en juin, les ruches les plus lourdes avaient

» élevé en avril et en mai une immense quantité
» de bourdons qui ont mangé les provisions; les plus
» légères en ont élevé peu et plus tard. Il est arrivé
» de là que les ruches qui étaient les moins lourdes
» et les moins peuplées au printemps, valaient en
» juillet les autres pour le poids et la population. »

J'aime à croire en ceci que M. Collin, trop par-
tisan exclusif parfois des fortes populations, se trompe
gravement, quand il exprime le regret d'avoir une fois
laissé trop de miel à ses ruchées. Ce n'était pas du miel
que ses ruchées avaient de trop, elles n'en ont jamais
de trop, mais bien plutôt des abeilles qui, pour ne
point s'échauffer outre mesure au printemps, et multiplier par là en bourdons, doivent être affaiblies,
surtout les ruchées de vieilles reines, ce que, du reste,
la nature fait elle-même aussitôt qu'elle le peut sans
trop de danger, et, en cas contraire, c'est alors à l'apiculteur à lui venir en aide.

**22. — Les réunions d'automne ne peuvent réellement être
avantageuses qu'autant qu'on fait les essaims de très-bonne heure.**

Ainsi, de l'exemple cité si heureusement par M. Collin,
résulte évidemment que le complément obligatoire des
réunions d'automne, c'est la multiplication des essaims
de très-bonne heure, et assez faibles du reste pour les
vieilles reines qui, plus que les jeunes, tendent plutôt
à la reproduction des bourdons; que si dès le milieu
d'avril ou vers la fin, puisque ces ruchées étaient précoces, M. Collin eût dédoublé ses fortes ruches par
des essaims médiocres, il aurait doublé ses ruchées,
et ses souches seraient restées, relativement aux ruchées

les plus légères, toujours proportionnellement les plus
lourdes ; car l'avantage des jeunes reines et des petits
essaims, pour les anciennes ruchées surtout, c'est de
rendre l'apiculteur maître de la production des bourdons, en n'en laissant venir que ce qu'il est nécessaire, et les faisant ensuite détruire dès qu'ils sont
reconnus inutiles.

**25. — Rapports comparés des abeilles et des jeunes reines avec
les bourdons et nécessité des essaims précoces.**

La nature veut pour la perpétuité des êtres, qu'ils
se multiplient, et pour beaucoup, une fois au moins
chaque année. On ne peut dire que le couvain ordinaire soit une reproduction en vue de la perpétuité des
abeilles, et les nouvelles abeilles ne font véritablement
que maintenir les vides journaliers d'une population
nécessaire. Les essaims ou jeunes reines seules rem-
plissent ce but, car il y a toujours autant de volontés
et de générations diverses qu'il peut y avoir de reines,
et il n'y en a jamais une de plus, quelle que soit du
reste la somme des abeilles ordinaires. La venue des
jeunes reines est toujours précédée de celles des bourdons, et dans chaque ruchée, une fois l'opération des
essaims terminée, la carrière des bourdons termine le
plus souvent aussi, et d'autant que la ruchée-souche,
qui reste toujours naturellement aux jeunes reines, se
serait un peu affaiblie ; parce qu'il est peu général dans
la nature, que des produits de l'année courante por-
tent déjà semence la même année, tandis que les vieilles
reines qui doivent éprouver, et qui éprouvent impérieu-
sement ce besoin, par les motifs contraires, conservent

et reproduisent consécutivement des bourdons et dans les proportions les plus exagérées, pour peu que les ruches, par leurs constructions *ad hoc*, leur en facilitent les moyens, la nature favorisant toujours, plus que de raison, en général ses premiers moyens de continuité.

Ainsi dans les ruchées de vieilles reines, soit dans l'essaim, soit dans la mère, les ruchées conservent et élèvent beaucoup de bourdons durant toute la bonne saison seulement, et ces ruchées sont volontiers régénératrices de jeunes reines et d'essaims.

Les ruchées sans reine conservent et reproduisent constamment, et le plus possible, des bourdons que les abeilles ne détruisent pas, et qui meurent ainsi naturellement. Dans le premier cas, il est imposé aux ruchées de se régénérer, dans le second cas, davantage encore; n'ayant plus de reine, les bourdons leur tiennent constamment lieu de l'espérance d'en avoir, puisqu'ils en sont comme les prémices. Dans les peuplades de nouvelles reines, ils sont hors d'à-propos : prémices d'essaims pour une reine qui vient de condamner ses rivales, c'est une seconde rivalité dont il faut se défaire, surtout si la ruche est peu peuplée, et d'autant moins disposée par là encore aux essaims.

Ainsi, quant aux abeilles, les bourdons ne leur sont nullement désagréables; mais, soit vers la fin de l'été pour les vieilles reines, soit après l'essaimage pour les jeunes, les unes et les autres faisant alors passer dans leurs abeilles les sentiments qui les animent, et qui sont tout autres que ceux qu'elles eurent pour les produire, condamnent les bourdons, qui dès lors ne tardent pas à se voir détruits.

Conséquemment, l'essaimage bien dirigé et le plus à bonne heure possible, ainsi fait d'abord avec le moins de monde possible, et une fois au moins chaque année sur chaque ruchée, est toujours avantageux.

24. — Contradiction entre deux faits mentionnés au JOURNAL L'APICULTEUR, 1861, pages 372 et 373, et que j'interprète en faveur des essaims précoces.

Lisez à ce sujet dans le *Journal l'Apiculteur*, 1861, page 372, l'article : fécondité extraordinaire, par Goix-Martin, où il est dit qu'en 1861 une seule ruchée lui en produisit 15 pouvant vivre, production qui, évaluée au plus bas à dix kilog. de miel par ruchée, donnerait un total de 150 kilogrammes pour cette seule ruchée, ou 200 fr. D'où, si M. Goix-Martin eût eu mes 400 ruchées, il eût pu en retirer d'une seule année 80,000 fr., tandis que par les mêmes moyens, je suis tout au plus parvenu à réaliser 15 fr. par ruchée.

Ce qui précède cadrerait peu avec un article qui suit immédiatement et intitulé : l'*Apiculture en Grèce*, où il est dit sans preuves à l'appui : « il est d'usage » que l'on réunisse deux ou plusieurs colonies faibles, » depuis que l'on a reconnu, par expérience, que tandis » qu'une colonie de 400 grammes d'abeilles recueille » seulement 4 kilog. de miel, une autre de 800 gr. » en amasse 12, le nombre double produisant quatre » fois environ la même quantité. » En Lorraine, quant à l'économie sur la dépense pour l'hiver, ce ne serait pas assez réunir, et pour la production au printemps, M. Goix-Martin a plus que démontré, il me semble, que ce serait le résultat tout contraire de cette supposition qui en adviendrait.

25. — Désavantages des essaims faibles et précoces sur ceux tardifs et nombreux, moyens d'y obvier.

Dans l'ordre naturel, les premiers essaims étant précisément les plus peuplés, dans l'ordre artificiel et aussi rationnel, je voudrais au contraire que ce fussent les ruchées de jeunes reines. Mais les essaims naturels partant forts et par des temps propices, réussissent généralement d'abord ; tandis que les essaims artificiels et rationnels, mais faibles, faits de bonne heure, par tous les temps, et souvent en opposition avec les conditions heureuses de la nature, exigent que leurs berceaux, faute d'un soleil salutaire, aient en échange pendant quelque temps l'œil intelligent et intéressé de l'apiculteur : ainsi, qu'il leur fournisse des bâtis, qu'il ait à proximité de son habitation une ruchée expérimentale placée sur une bascule, afin de se renseigner de la manière la plus certaine sur les productions mellifères qui, par des temps et sous des conditions vulgairement semblables, peuvent varier d'un jour à l'autre de plus d'un kilogramme par ruchée.

Cette ruchée fait connaître : si les essaims trouvent de quoi vivre ou non ; quel jour les abeilles ont commencé à travailler, et quel jour il devient avantageux de les faire essaimer ; la durée du temps pendant lequel elles n'ont pu travailler, et le moment où il faudra les nourrir ; la valeur au contraire de l'abondance, et les avantages que l'on peut en espérer en vue de la production des miels fins ; enfin l'état de toutes les ruchées. avant comme après les hivers, etc.

Dans tous les essaims artificiels nouvellement faits,

sans en excepter même les jours où la nature produit les miels en abondance, il faut toujours leur donner de trois à quatre cents grammes de nourriture en les faisant, que l'on renouvellerait si les temps se maintenaient contraires.

26. — Nourriture pour les abeilles.

Je me sers pour cela d'assiettes de fer-blanc fortement creusées à coup de marteau, et un peu plates en dessous.

Voici la nourriture que je donne à mes abeilles : après avoir retiré les résidus du miel de dessous le four d'un boulanger, et non de l'intérieur, ou d'un vase chauffé au bain-marie, je fais passer ensuite ces résidus successivement dans deux baquets d'eau chaude, d'où j'extrais ainsi un jus de miel le plus concentré possible, que je mets dans un tonneau pour fermenter et s'éclaircir, ce qui n'a guère lieu que l'année suivante. C'est cet hydromel, une fois éclairci et coupé avec des miels de moindre qualité, et à défaut, avec de la cassonnade, ce qui me paraît être, sinon le plus convenable, au moins le plus économique à donner comme nourriture aux abeilles, puisqu'on utilise ainsi tous les résidus de miel sans aucune exception : on chauffe ce mélange au bain-marie quand on veut s'en servir.

27. — Avantage du miel sur le sucre pour être donné en nourriture aux abeilles.

L'avantage du miel et de l'hydromel sur les sucres en général, comme nourriture aux abeilles, c'est leur propriété d'être déliquescents, ce qui fait que dans une forte peuplade, le miel cristallisé pourrait peut-être encore, je suppose, profiter presque autant aux abeilles que s'il ne l'était pas. Le miel conséquemment, plus que toute autre chose, demande d'être logé au sec; produit de la chaleur, il n'en a rien à redouter.

Un corps est au sec, même à une température très-basse, quand les corps environnants sont encore à une température plus basse. Il faut même cette double condition pour conserver les fruits pleins et le plus longtemps possible.

Les appartements situés au-dessus de ceux où l'on fait du feu sont toujours secs.

28. — Exposition pour les ruchées.

Pour les ruchées situées au soleil levant, et mieux à l'est-sud-est, quand les rayons vont du devant au derrière de la ruche, conséquemment de la chaleur au froid, les abeilles y seront bien plus sainement logées et sûrement abritées que de toute autre manière.

29. — Procédés pour découvrir les reines.

Cependant, comme pour l'application de la plupart des diverses observations faites dans ce qui précède, il est nécessaire de pouvoir se saisir souvent et facilement des reines de chaque ruchée, pour y parvenir, voici le raisonnement que j'ai cru d'abord devoir me faire.

La reine joue un rôle trop important dans chaque

peuplade d'abeilles, pour que sa présence ou son absence n'y soit promptement remarquée des abeilles de la ruchée, et de l'apiculteur par les effets produits sur celles-ci.

D'après cette proposition, dans un essaim nouvellement fait, voulez-vous vous en approprier la reine, ou vous assurer de son absence? Par tous les temps, mais mieux chauds et à l'ombre, temps où les abeilles développent le mieux tous leurs instincts, faites un essaim artificiel; divisez ensuite cette peuplade en la secouant légèrement par portions égales environ dans deux ou trois ruches placées à ciel ouvert, sans crainte que la reine ne s'envole; elle ne part pas si volontiers par l'habitude, résultant de sa nature même, qu'elle a contractée de longue main, de se servir plus de ses pattes que de ses ailes. Au reste, ce cas arrivant, elle se verrait rappelée promptement dans un groupe ou l'autre de sa peuplade.

Si vous avez tardé quelques minutes avant de diviser votre essaim artificiel, et que vous l'ayez secoué ensuite avec modération, la reine ayant eu le temps de se fixer aux parois supérieures de votre ruche primitive, où elle commence toujours naturellement son travail, ne tombera parmi les groupes d'abeilles inférieurs qui s'en détacheront que rarement, les abeilles, pour lui faire place, se serrant sur son passage, tandis que groupées entr'elles, elles doivent évidemment moins adhérer à la ruche.

Dans le panier où vous aurez fait l'essaim, il y aura d'abord pendant quelques secondes plus ou moins d'agitation parmi les abeilles, selon que la reine n'aura fait que d'y passer, ou qu'elle y existera; tandis que dans les autres ruches là où la reine ne serait pas tombée, un calme momentané facile à remarquer succéderait ensuite pendant quelques minutes au premier mouvement des abeilles, mais qu'il en serait tout autrement si la reine s'y trouvait. Il ne faut pas confondre, dans ces cas, l'agitation que la reine produit plus ou moins sur son passage avec celle ensuite générale qui résulte de son absence et qui ressemble au départ d'un essaim, tandis que la reine produit l'effet contraire. L'absence pendant quelques instants d'une reine pour ses abeilles, engage celles-ci à battre momentanément des ailes une fois qu'elles l'ont retrouvée; et une secousse brusque imprimée au groupe d'abeilles parmi lesquelles les nouvelles arrivées désignent ainsi leur reine, ou mieux une reine, la fait aussitôt apercevoir. La reine aime aussi à se cacher, car si vous en approchez avec la main, elle précipite aussitôt ses mouvements, quoique dans ses instants d'isolement de leur reine, les abeilles d'alentour ne semblent pas vous remarquer, elles si prévoyantes et si irascibles ordinairement. La reine est ordinairement moins agile que les abeilles, ce qui permet à un œil exercé, en secouant sur son fond la ruche où elle se trouve cachée par ses abeilles, de l'apercevoir tout aussitôt; car alors agile, mais momentanément surprise et gênée, elle ne peut se cacher d'abord, ou lente pour regagner les parois élevées de la ruche, elle reste une des dernières abeilles sur son fond.

Cette opération me réussit maintenant avec une telle facilité que je ne fais plus d'essaim sans m'assurer ensuite, au moins par la vue, de la présence de la reine dans chacun d'eux.

50. — Soins généraux à donner aux abeilles pendant le printemps et l'été, principalement en vue de l'essaimage et de l'obtention des miels fins, tout en conservant toujours le plus sûrement aux ruchées des provisions suffisantes pour passer l'hiver.

Pour la pratique de mes opérations de l'essaimage, je divise chaque rucher en trois séries, on pourrait le diviser en quatre ; ensuite suivant la force des populations de chaque ruchée, je les fais essaimer successivement et de bonne heure, de onze jours en onze jours, ou douze jours au plus tard, parce que j'ai cru remarquer qu'exceptionnellement quelques seconds essaims, conséquence des premiers essaims artificiels ordinaires, commençaient déjà à s'échapper le douzième jour ; et tardivement, quand il y a danger d'essaims primaires et naturels, par demi-série de cinq jours en six jours ; généralement de très-bonne heure et faisant quatre séries, je fais essaimer tous les paniers d'un rucher dans l'espace de trente-trois jours, ou vingt-deux jours en ne faisant que trois séries, et, s'il est encore temps, je poursuis cette méthode d'opérer, en faisant plus ou moins d'essaims, une fois ou deux de plus, sur les ruchées les plus avancées.

Dans ce travail je donne le plus de mouches possible à la première série des essaims, sans toutefois nuire aux souches, et je les transporte dans un autre rucher pour éviter qu'ils ne se dépeuplent. On peut au besoin se servir de deux ruchées pour pouvoir faire cette première série d'essaims plus précoces et meilleurs. Quant aux autres séries d'essaims successifs faits de onze jours en onze jours, et mis ensuite à la place

de leurs mères , quoique parfois n'étant composés que de
deux cents grammes d'abeilles , ils se repeuplent toujours
assez après ; tandis que leurs souchés , ainsi d'abord
fortifiées avec la presque totalité de leur monde naturel , mises encore à la place des ruchées déplacées
onze jours après leurs premiers essaims , et munies de
reines nouvelles ou alvéoles royaux prêts à éclore (qu'on
leur distribue suivant les garanties que présentent les
souches qu'elles déplacent et qui peuvent être plus ou
moins favorables aux unes ou aux autres) , restent toujours très-peuplées , et conservent ainsi leur couvain en
bon état ; et toutes les ruchées déplacées pour en empêcher les seconds essaims , se purgent par ce déplacement de leurs bourdons désormais inutiles , puisque
leurs jeunes reines à venir réussissent généralement.

Quand on ne possède qu'une seule ruchée , après
avoir fait un essaim médiocre , pour repeupler ensuite
cet essaim et pour ne point ralentir la ponte de la
reine , de même que tout à la fois pour ne point
porter de préjudice au couvain de la souché , on re-
place d'abord celle-ci où elle était , et son essaim
à côté , puis on permute ces deux ruchées du troisième au dixième jour ; pendant ce temps le caractère
conciliant des abeilles de la souche n'a pu encore être
modifié par l'intérêt qu'elles prennent ensuite le plus
souvent pour les alvéoles royaux et jeunes reines. Du
reste , dans ce travail , l'essaim qui présenterait seul
un danger est faible et élevé dans sa ruche , de manière à
obliger les abeilles de la souche permutée à parcourir ,
depuis le plateau d'où elles communiquaient directement auparavant avec leur peuplade , un certain trajet
qu'elles feront en bruissant , et ces abeilles de la ruchée-

5

mère sont encore naturellement moins mal disposées à se concilier que si elles avaient déjà une nouvelle reine; en enfumant prudemment ces paniers avant de les permuter pour éviter d'irriter les abeilles, ce qui cependant n'est généralement pas nécessaire, l'accord ne cessera pas un seul instant d'exister entre elles, et ces ruchées pourront ainsi prospérer l'une et l'autre sans grand risque pour la souche de donner un second essaim.

Durant l'époque de l'essaimage par les temps chauds et quand la sécrétion du miel est abondante, je coupe volontiers le bout des ailes aux reines pour éviter de perdre des essaims, assez volages dans ces circonstances naturelles les plus favorables; on pourrait même alors étendre ce principe à un plus grand nombre de ruchées que par avance l'on aurait destinées à la reproduction des miels fins, ce qui laisserait à l'apiculteur moins d'appréhension de perdre des premiers essaims très-difficiles à éviter dans ce genre de travail; il n'aurait plus de risques à encourir que pour les seconds essaims.

Toutes ces permutations de ruchées s'opèrent sans le moindre combat, en ce que les souches d'essaims nouveaux ayant subi l'effet de l'essaimage, accueillent alors toujours sans combat les abeilles restées sur les tabliers, ou revenant de campagne, tandis que celles-ci, soit qu'elles proviennent de paniers sans reine ou avec reine, n'étant point provoquées, et se trouvant isolées de leur reine, se réunissent volontiers, ce qu'au défaut de ces nouvelles souches d'essaim, elles n'auraient pas tardé de chercher à faire avec les ruches voisines, attendu qu'avant tout il faut une reine aux abeilles, et que tout essaim manqué, sans reine conséquemment, ou sans souches à couvain, *ad hoc,* tend toujours à se réunir.

Onze jours après la dernière série d'essaims, on peut laisser les abeilles des dernières ruchées déplacées pour en éviter les seconds essaims, aller se réfugier naturellement dans les peuplades voisines, où elles seront d'autant plus sûrement accueillies qu'elles sortiraient de ruchées sans reine, parce que les premiers alvéoles royaux, ou reines greffées auparavant dans ces ruchées, n'auraient pas réussi et qu'il y en existerait naturellement dès lors de nouvelles ; ou laisser à leur place ces souches dans le cas où leurs jeunes reines auraient réussi, ce qui est très-présumable, dès lors qu'on se serait convaincu qu'il n'existe aucun alvéole royal dans ces ruchées ; mais comme il est très-difficile de vérifier sûrement toujours ces faits, il serait bon dans ce cas de s'assurer de la proportion des pertes de seconds essaims que l'on pourrait avoir à éprouver, et si elles étaient sérieuses, de déplacer encore, tant pour éviter ces pertes que pour purger ces ruchées de leurs bourdons. C'est la seule fois de toutes ces diverses manipulations, où il puisse y avoir quelques risques de voir les abeilles abandonnées de ces ruchées être mal accueillies des voisines, et où il soit nécessaire de prendre quelques précautions, telles que : d'éviter de déranger les ruchées voisines ; d'obliger les abeilles abandonnées à parcourir un assez long trajet depuis leur ancienne demeure pour se rendre dans les peuplades voisines, où, dès lors ayant connaissance de leur abandon, elles arriveraient en bruissant et en suppliantes ; de s'assurer sur les lieux pendant quelques instants si ces abeilles seraient en effet bien accueillies, et en cas contraire de mettre à l'état de bruissement une des ruchées voisines, ou d'user de toute autre précaution que l'on pourra supposer utile.

Ce pourrait être également déjà l'époque et un moment convenable de commencer avec les ruchées alors sans couvain propre aux reines, d'emprisonner leurs jeunes reines dans leurs propres ruchées, de manière, tout en permettant à leurs abeilles de les nourrir, d'arrêter ainsi toute ponte et d'empêcher tout essaim, tant en vue de réduire déjà le nombre de ses ruchées, et ainsi de mieux en assurer les provisions d'hiver, que pour en obtenir des miels fins. On s'assurerait encore par cela même de toutes les ruchées qui seraient alors pourvues de reines ou non.

51. — Du travail des ruchées pour la saison hivernale, et de la grande récolte du miel et de la cire.

Pour mieux compléter encore cette solution du problème de l'apiculture, il serait aussi essentiel que, tout en conservant toujours à peu près chaque année la même quantité de ruchées, celles-ci soient toutes également et sûrement bien peuplées pour l'hiver, d'où résulterait la nécessité encore d'examiner toutes ses ruchées vers cette époque, afin, par des réunions les plus à propos, de repeupler toutes celles qui ne le seraient pas suffisamment.

Rien de plus facile alors que ces réunions, quand on veut prêter un peu d'attention aux phénomènes naturels qui, en chaque saison, nous indiquent généralement la conduite que nous avons à tenir.

En examinant chaque ruchée par les basses températures de l'automne, on y remarque aisément deux

choses essentielles qui n'y existaient pas pendant l'été :
d'une part, l'absence assez générale de couvain ; d'autre
part, la concentration des abeilles en un seul groupe
et l'abandon complet par elles, conséquemment, du
surplus de leur ruche.

En cette saison, pour réunir deux ruchées, après les
avoir enfumées, je les mets chacune sur une rehausse
que je réunis au corps de chaque ruchée par une
serviette mise en cravate, afin de pouvoir plus facilement et plus complétement enfumer les abeilles ;
je les enfume de nouveau ; puis renversant la ruche à
réunir sur la rehausse que je lui ai ajoutée, je fais
glisser entre chacun des rayons de cette ruchée, du côté
opposé aux abeilles, des parcelles d'amadou fumantes
(la plus pure est la meilleure), afin d'empêcher les
abeilles de s'écarter et de les exciter déjà à monter sur
l'emplacement même qu'elles occupent. Quand cette
fumée veut s'arrêter, j'enfume de rechef la ruche à
repeupler, que je prends de dessus la rehausse que je
lui avais ajoutée pour pouvoir l'enfumer, et je la pose
aussi vite sur la ruche à réunir, en ayant bien soin,
d'une part, que les rayons de ces deux ruchées soient
le plus rapprochés possible, et, d'autre part, que leurs
populations soient placées directement l'une au-dessus
de l'autre ; puis je scelle par un linge la ligne de jonction
qui sépare ces deux ruchées. Ainsi préparées, je les
tapote quatre minutes, pour ne plus les toucher ensuite
pendant six minutes que je passerai à faire la même
opération sur deux autres paniers.

Quoique les abeilles soient naturellement prédisposées
à s'attacher plus volontiers aux objets plus élevés, je
crois qu'on les déciderait toutefois plus sûrement à

monter en tapotant d'abord en dessous de l'essaim à réunir, puis en remontant.

Revenant ensuite à mes deux premières ruches de réunion, j'enlève le linge qui les réunit; je les enfume; je repose comme la première fois la ruche supérieure sur une rehausse, afin de pouvoir mieux l'enfumer, et mélanger ainsi dans cette ruche les abeilles de celle inférieure qui ont dû y monter en grand nombre pendant cette première manipulation; puis enfumant légèrement la ruche à réunir, et encore renversée sur elle-même, j'en concentre de nouveau la population, comme précédemment, à l'aide de parcelles d'amadou allumées, et, enfumant encore la ruche à repeupler, je la pose comme la première fois sur celle à réunir; je les scelle et je les tapote ensuite pendant quatre minutes, absolument comme pour la première opération, après quoi cette réunion est sûrement garantie de tout combat ultérieur.

Pendant ces deux premières opérations, de ce que les rayons des ruches réunies étaient rapprochés, de ce que les populations respectives de chaque ruche étaient placées l'une au-dessus de l'autre, les abeilles inférieures, attirées ainsi par la chaleur et le bourdonnement vers celles supérieures, ont dû généralement s'y réunir, et principalement leur reine, d'autant plus qu'à cette saison le froid vient en aide à la chaleur naturelle des abeilles, et que, celles-ci n'occupant plus qu'un quart de l'espace qui leur était nécessaire auparavant, il y a lieu de loger aisément avec elles les nouvelles arrivantes; car dans toutes ces sortes d'opérations, comme dans les essaims artificiels, les abeilles tendent toujours alors à remplir les parties supérieures de leur ruche.

Pendant cinq minutes environ après ces deux premières opérations, les effets du tapotement comme de la fumée pourront seuls agir encore favorablement sur le tempérament des abeilles, mais, passé ce délai, il y aurait plus d'inconvénients que d'avantages à maintenir plus longtemps ces réunions ainsi renfermées.

Cinq minutes après cette seconde opération, on séparera ces deux ruchées et on répétera encore semblablement sur elles une troisième et dernière opération; seulement pour cette dernière, avant de replacer la ruchée supérieure sur celle inférieure, on l'exhaussera par une rehausse plus ou moins élevée, selon la force des populations réunies et le degré de la température extérieure, et on la placera ainsi comme ci-devant sur la ruche inférieure, en ayant toujours soin de bien mettre chaque population respective au-dessus l'une de l'autre; puis on scellera par des serviettes de ruches les interstices régnant autour de la rehausse qui sépare maintenant ces deux ruchées réunies, et on les tapotera comme on l'a déjà fait. Cinq à dix minutes après on donnera un peu d'air à ces ruchées par la partie inférieure de la rehausse, et du côté opposé où sont logées les abeilles, afin de les rafraîchir et par ces précautions d'empêcher autant que possible qu'elles ne veuillent sortir ensuite. Dans ce but, pendant tout le cours de cette opération, il sera encore bon d'éviter d'endommager le miel; et si les abeilles sortaient, loin de les enfermer, c'est avec le plus d'air et d'ouvertures au contraire qu'il faudrait s'y opposer.

Pendant les deux premières opérations, la reine de la ruche inférieure, avons-nous dit, étant montée dans celle supérieure, les abeilles encore restées dans celle-là sans reine ni couvain (s'il en restait, il serait convenable de l'ôter après les deux premières manipulations seulement), achèveront toutes de gagner la ruche supérieure pendant la nuit et le lendemain matin, ou, pour peu que la température du jour soit basse, le jour même vous trouverez la ruche inférieure complétement vide d'abeilles, ce qui est un moyen de récolter le miel et la ciré.

On peut, suivant qu'on le juge à propos, repeupler deux ruches avec une seule, en remplaçant, après la première ou deuxième opération, la ruche supérieure par une autre.

Dans ce cas, pour éviter toute bataille ultérieure, je pose les ruchées repeuplées sur des rehausses pour y être enfumées ensuite une ou deux fois suivant qu'il est nécessaire.

On voit par ce qui précède que le froid, en procurant au bourdonnement et à la chaleur naturelle des abeilles tout l'à-propos possible, est un des meilleurs auxiliaires pour le succès des réunions. Quelque froid qu'il fasse, cette manipulation peut bien marcher et n'en va que plus vite : alors avec un peu d'habitude on peut travailler ainsi les abeilles des journées entières sans en voir pour ainsi dire sortir, ni s'en perdre une seule ; tandis que par la chaleur, ces opérations sont plus longues et plus difficiles.

Comme conséquence de cette méthode simultanée de pouvoir tout à la fois récolter les produits des abeilles en temps opportun, et répartir facilement, méthodiquement et également les abeilles des paniers détruits dans ceux que l'on veut conserver, résulte la nécessité de concentrer toujours à sa proximité pour l'hiver toutes les ruchées. C'est ainsi qu'en 1861, où de 400 ruchées au printemps, je fis 450 essaims, et j'eus 850 ruchées, à l'automne, ce nombre fut réduit à 500, ayant récolté ainsi 350 ruchées, composées des plus légères comme des trop lourdes, et surtout de toutes celles atteintes de la loque, maladie facile à constater à cette époque.

32. — Inconvénients qui résultent pendant l'hiver des grandes agglomérations de ruchées; manière d'y remédier.

Mais de ces grandes agglomérations de ruchées naissent quelques légers inconvénients. Je dis légers, le moyen d'y obvier étant connu et d'un emploi facile.

Ainsi chaque année, après avoir bien repeuplé toutes mes ruchées pour l'hiver, au printemps suivant, pour peu que je tarde à les disperser, et que les abeilles sortent un peu, je trouve un sixième de ces ruchées entièrement dépeuplées, tandis qu'un certain nombre des autres se sont au contraire repeuplées démesurément.

Ces dépeuplements peuvent résulter principalement de ce que les abeilles qui sortent davantage étant celles qui sont placées aux extrémités de chaque peuplade, comme les plus exposées aux froids et les plus à proximité des coulures du miel des ruchées, ce serait ainsi surtout les abeilles des faibles ruchées et qui, depuis longtemps isolées de leur reine, se réuniraient aux paniers, où elles remarqueraient le plus de mouvement et en seraient accueillies.

Pour remédier à ce mal, je pose, après l'avoir légèrement enfumée, une ruche peuplée renversée sur une rehausse, puis une ruche faible par dessus; je scelle ces deux ruchées ensemble par une serviette ou deux et les laisse ainsi le temps nécessaire, de cinq à dix minutes, je suppose; ce changement de position de la ruche peuplée, qui place toutes ses abeilles dans une direction opposée à celle qu'elles avaient l'instant d'auparavant, les oblige forcément et par nature à se retourner; et l'accroissement subit de chaleur qui résulte de ce mouvement dans cette ruchée inférieure et peuplée, engage une partie des abeilles de celle-ci à monter dans la ruche supérieure à repeupler, et d'autant mieux que les rayons de ces ruchées seraient, soit naturellement, soit artificiellement plus rapprochés.

55. — De la perte des reines pendant l'hiver, et des effets qui en résultent.

Dans ce cas, la reine du panier inférieur ne monte dans la ruche supérieure qu'autant qu'on tapote ces ruchées, ce dont il faut bien se garder. La reine occupant un des rayons du centre, on peut sans inconvénient encore, au moyen de parcelles d'amadou, diriger et concentrer les abeilles placées aux extrémités, de manière à les obliger à monter, et à repeupler ainsi les ruchées rapidement et comme l'on veut. Si une fois accidentellement on enlevait une reine à sa ruchée, quelques heures après et les jours suivants, s'il faisait chaud, cette ruchée serait agitée, et exprimerait sa perte et sa douleur par un bruissement sans cesse renouvelé, facile à remarquer comme à provoquer, et qui contrasterait avec le silence de toutes les autres ruchées.

Toute ruchée qui, durant l'hiver, perd sa reine, présente le même phénomène et devient plus sensible à la moindre impression de fumée.

Pendant cette saison, c'est surtout les soirs des journées exceptionnelles, où les abeilles ont pu sortir que, en faisant une revue de son rucher, on remarque aisément toutes les peuplades sans reine : ces ruchées alors se réunissent aux autres ruchées, où elles sont toujours dans ces cas bien accueillies naturellement, comme elles le seraient de même artificiellement et sans précaution préalable.

Quand dans une réunion de deux ruchées, les deux reines viennent à périr par accident fortuit, ou plutôt par un défaut de précautions, et ainsi pour avoir laissé quelques-unes des abeilles de l'une et l'autre ruchée sans être en bruissement, comme ce fait se produit surtout le plus volontiers lorsque les abeilles sont agitées par un défaut de production et à la fois une excitation au pillage ; alors, si c'est en hiver, où il n'y a ordinairement point de couvain pour maintenir les abeilles, ces ruchées s'agitent et désertent ; dans ce cas, comme il existe un commencement de combat, que les abeilles sont irritées, que le fumant pourrait rester insuffisant, et qu'ainsi on ne serait pas toujours sûr de réunir ces ruchées avec succès le même jour, il serait parfois convenable de les enfermer et d'attendre. Les réunions d'hiver ont cet avantage, qu'elles saisissent toujours les abeilles dans un état d'absolue tranquillité et dans un isolement plus ou moins complet de leur reine. C'est à cet isolement tranquille et prolongé des abeilles de leur reine pendant l'hiver qu'on doit attribuer ainsi les facilités qu'ont les ruchées pendant cette saison à sympathiser entr'elles plus spécialement, soit naturellement, soit artificiellement.

Les ruchées qui reçoivent davantage les abeilles égarées, celles dont le miel a pu couler par suite des gelées, etc., présentent parfois quelques analogies avec les paniers privés de reine, en sorte qu'avant de les réunir, il serait toujours à propos de s'assurer si elles ne contiendraient pas quelques ébauches d'alvéoles royaux que, dans tous les temps et aussitôt qu'une ruchée a perdu sa reine, les abeilles s'empressent de construire : on réunirait dans ce cas, ou on attendrait plus tard en cas contraire. Mais elle serait sûrement bonne si elle possédait des œufs d'abeilles ou couvain, ainsi que M. Collin en fait judicieusement l'observation dans son *Guide du propriétaire d'abeilles.*

34. — **Les ruchées de médiocre population, sauf par les gelées, sont en toutes saisons celles qui présentent le plus d'avantages.**

1° De ce qu'au printemps les ruchées de médiocres populations présenteraient plus d'avantages que les fortes;

2° De ce qu'il y aurait tout intérêt à diviser celles-ci le plus tôt possible;

3° De ce que, à la fin de juin, en juillet et août, il deviendrait nécessaire seulement de réduire le nombre de ses ruchées, soit par des réunions, soit autrement, particulièrement en vue de la production des miels fins, et pour ne point se voir embarrassé plus tard de plus de peuplades d'abeilles que la contrée ne permet d'en élever avec succès;

4° De ce qu'en septembre et octobre, les dépenses entre ruchées faibles ou fortes sembleraient proportionnelles à leurs populations respectives, et que l'aug-

mentation ensuite des dépenses des faibles peuplades
comparées aux plus fortes ne résulterait que d'un accroissement de froids plus sensibles et plus prolongés,
dont les réunions d'automne n'auraient pour but que
d'annihiler les plus fâcheux effets ;

5° De ce qu'autrement, si les hivers étaient doux,
il y aurait plus d'avantages à conserver les populations
ordinaires du poids de 800 à 1,000 grammes d'abeilles
que de les repeupler, puisque les dépenses de l'hiver
seraient les mêmes proportionnellement aux populations,
et qu'ensuite l'avantage resterait aux ruchées les moins
peuplées,

Il résulte que, si durant les froids on abritait suffisamment les ruchées, elles passeraient heureusement
l'hiver avec un poids de 800 à 1,000 grammes d'abeilles
que possèdent naturellement les bonnes ruchées, et que
celles-ci devant être moins peuplées pour l'hiver, il
faudrait en juillet en réduire davantage le nombre.

Pour cela je placerais les ruchées, durant les
gelées de décembre, janvier et février, dans un grenier
obscur qui les protège non-seulement contre les gros
froids, mais aussi contre ces élévations momentanées
de température qui, survenant vers la fin de l'hiver et
engageant les abeilles à sortir, en détruisent souvent
un grand nombre et les excitent à consommer davantage : faites essaimer une ruchée ; traversez-la ; faites
attention à la différence de poids d'une ruchée du soir
au lendemain matin après une journée d'abondance et
d'agitation conséquemment, et vous remarquerez toujours
une réduction de poids pour ces ruchées double et triple
des autres jours.

Ainsi au rucher pendant l'hiver, la consommation plus grande proportionnellement à la population que l'on remarque chez les faibles ruchées comparées aux plus peuplées résulterait moins du froid, je supposerais, que de l'agitation plus grande que ce froid provoquerait chez les premières que chez les secondes, tandis qu'en septembre et octobre, quand la température n'est pas encore trop basse, les dépenses des ruchées resteraient proportionnelles aux populations.

Il serait bon en décembre que la température des greniers où on logerait les abeilles ne s'élevât pas à plus de sept degrés, et cinq en février; autrement il faudrait reporter les paniers au rucher, opération que, sans obligation cependant, il est préférable de faire le soir ou dès le matin.

Conséquemment l'art de cultiver les abeilles consiste surtout à n'avoir jamais que des ruchées de médiocre population, à les multiplier le plus tôt possible et jusque dans les premiers jours de juin, ou vers la fin, suivant les contrées, de même qu'à partir de cette époque il faut commencer à en réduire le nombre de manière à se retrouver en décembre, une année comme l'autre, avec la même quantité et la même qualité de ruchées du poids de 800 à 1,800 grammes d'abeilles chacune, dont on logerait au grenier les plus faibles déjà; mais à les maintenir très-riches en miel, et à leur conserver d'une année à l'autre un grand nombre de bâtis, plus ou moins garnis de miel, que l'on cheville après chaque hiver sur les ruchées pour y loger plus tard les premiers essaims : dans ce but on peut se conserver une partie du travail des plus belles ruchées qu'on a récoltées.

35. — Considérations sur les ruches, principalement sur la ruche commune.

Quant à l'espèce de ruche, il faut se servir de la ruche vulgaire ou commune, qu'on se procure facilement, et qui n'a rien que ce mémoire puisse désavouer, pourvu que sa capacité en hauteur, largeur et forme, soit bien appropriée du reste aux nécessités naturelles des abeilles : ainsi qu'elle soit plutôt élevée que trop large, parce que quand une peuplade s'établit dans une ruchée trop spacieuse, elle n'étend pas d'abord ses rayons sous tout le plafond, mais les prolonge du haut vers le bas en laissant un côté vide s'il le faut ; parce que dans moins de superficie, le miel placé toujours à la partie supérieure de la ruchée occupera plus de hauteur, et que par les froids les abeilles se nourrissant le plus heureusement dans une direction perpendiculaire, ne le peuvent pas toujours horizontalement ; parce que l'air échauffé montant toujours, une même population occupant moins de surface, perdra moins de chaleur.

La ruche commune doit être arrondie et en paille : elle doit être arrondie sous toutes ses formes, même plutôt en pointe à sa partie supérieure que trop plate, parce que, dans la forme arrondie, les cordons supérieurs, quelle que soit la charge qu'ils aient à supporter, pèsent toujours de tout leur poids sur la semelle même de la ruche, tandis que dans les ruches plates, le centre supérieur n'étant maintenu que par des attaches qui vieillissent et se fatiguent, les garanties de solidité sont beaucoup moins grandes : montez sur deux ruches d'un même travail, l'une ronde et l'autre plate, la ronde vous supportera, la plate s'enfoncera.

Indépendamment de cette garantie de solidité, la forme ronde est plus facile à manipuler, soit au rucher, soit pour les transports, se dégrade moins, se répare plus aisément, et est plus conservatrice de la chaleur.

La ruche doit être en paille, parce qu'il est souvent nécessaire de transporter les ruchées, de les manier et conséquemment d'en assujettir tous les rayons en les perçant ici et là de baguettes pour les supporter, et que la paille se prête mieux à ce genre de travail; que la ruche en paille est la plus chaude et la plus économique pour les abeilles.

Mes ruches ont généralement 34 à 35 centimètres de largeur sur 26 à 30 de hauteur, le tout dans œuvre, hauteur que j'élève à volonté par des rehausses quand les essaims deviennent plus riches et plus forts.

Comme dans ce monde, l'habitude, dit-on, est notre seconde nature, je ne possède que des ruches communes : toutefois il pourrait se faire que les ruches à compartiments offrissent quelque intérêt, je n'en ai pas l'expérience, mais dire qu'on ne peut s'en passer sans grands inconvénients, ou qu'elles présentent des avantages signalés sur les ruches vulgaires, je ne puis leur reconnaître ce mérite. J'aime à croire cependant que la ruche à feuillets qui nous a valu tout récemment les belles découvertes de M. Collin, sur le moment de la ponte et le temps que dure l'incubation du couvain (voir l'*Apiculteur*, août 1861, page 329), peut jusqu'alors passer à juste titre pour la première des ruches à observations.

56. — De l'apiculture en général, et humbles conseils aux apiculteurs afin de les renseigner de mon mieux sur tout ce qu'il peut leur être avantageux de connaître.

M. Collin est aussi, à ma connaissance, un auteur très-distingué de notre époque sur l'apiculture, et qui, concurremment avec M. Hamet et la Société d'apiculture, a imprimé à cette source de la richesse publique l'impulsion toute récente que l'on remarque.

On doit aussi particulièrement beaucoup à MM. Hubler, Hermann, Gresselot, Houillon, etc.; ainsi à ce dernier, la manière de préserver les bâtis des artisons; de conserver les reines; de les renouveler aussitôt après le départ des premiers essaims naturels, etc.

Du reste, il est juste de le reconnaître, l'époque où nous vivons entre pour beaucoup dans ces succès, qui nous ont été préparés abondamment par MM. Huber, Lombard, Schirach, etc., et en Lorraine plus particulièrement par M. de Mirbeck, l'auteur en apiculture dont le nom est encore aujourd'hui le mieux connu dans les Vosges.

Mon but dans ce mémoire n'ayant été que d'effleurer quelques questions sur l'apiculture, pour me compléter à ce sujet, je recommanderai aux apiculteurs, dans leur pratique, le *Guide du propriétaire d'abeilles*, par M. Collin, curé de Tomblaine, près de Nancy; et à ceux qui désireraient se tenir au courant des connaissances journalières sur l'apiculture, le *Journal l'Apiculteur*, par M. Hamet, professeur à Paris.

6

37. — Conclusions. Nécessité de supprimer les ruchées loqueuses. Manière de reconnaître l'âge de chaque ruchée.

Toute peuplade d'abeilles, même orpheline, mise à l'état de bruissement ou d'essaim, est toujours sans défense et à la merci des autres ruchées, et tant que son ancienne reine ne se sera point fait reconnaître de nouveau, tout spécialement par quelques abeilles, on pourrait toujours heureusement lui en substituer une autre, et tout essaim manqué peut toujours être adjoint à un nouvel essaim ou à une souche qui a essaimé; dans ce cas il accueillerait une reine quelconque, difficilement parfois une reine trop nouvelle.

Comme M. de Mirbeck, je croirais que les principaux secrets d'une bonne et véritable apiculture seraient :

1° De multiplier le plus tôt possible les essaims, en faisant les premiers petits, s'il le faut, et gros les seconds, ou les souches;

2° De laisser toujours aux ruchées un excédant de miel le plus abondant possible, et, dans ce but, de ne pas craindre d'avoir au printemps deux ruchées superposées dont l'une puisse servir pour un premier essaim; s'il le fallait, réserver même pour cela dans les ruchées de jeune cire une portion suffisante des rayons;

3° D'empêcher tout départ d'essaim en faisant toujours les premiers au plus tard quand les ruchées commencent à élever des alvéoles royaux; car plus on fait ses essaims de bonne heure et avec des ruches peu avancées, moins on court de risques de les voir s'échapper; visiter ses ruchées de onze jours en onze

jours, ou de six jours en cinq jours, donnant ensuite
autant que possible des jeunes reines ou alvéoles royaux
prêts à éclore aux ruches-souches au fur et à mesure
qu'on les fait essaimer, il y en a toujours ordinairement
alors dans les ruchées qui ont essaimé depuis onze
jours, et qu'on est dès lors dans l'obligation de déplacer; dans ces cas, pour la réussite de ces jeunes
reines, il est presque indispensable de placer les nouvelles souches aux lieu et place de celles qui auraient
essaimé précédemment, sauf, s'il y a lieu (c'est-à-dire
si vos ruchées ne possèdent point de reines parce qu'elles
posséderaient des alvéoles royaux et sans aucun jeune
couvain, conséquemment ne présenteraient aucun danger
de combat), à remettre celles-ci à la place de celles-là,
et à éloigner l'essaim. Mais déplacer toujours toutes
les ruchées onze jours après leurs premiers essaims
artificiels, ou un jour avant, ou au plus tard après
l'éclosion des premières jeunes reines pour les dépeupler,
en arrêter le travail et en paralyser ainsi les deuxièmes
essaims, tout en aidant par ce déplacement même de
la manière la plus efficace et la plus opportune, les
abeilles à se débarrasser le plus promptement de tous
leurs bourdons.

Il résulterait aussi de ce qui a été dit antérieurement
que tant que tous les alvéoles royaux des ruchées à
déplacer ne seraient point détruits, ou tant que ces
ruchées même déplacées resteraient bourdonneuses simples, on pourrait toujours leur substituer des nouvelles
souches greffées d'alvéoles royaux, ou de jeunes reines,
avec toute garantie de succès pour celles-ci. En un
mot, chercher par tous les moyens à atteindre l'extrême
limite de multiplier les ruchées le plus tôt possible, ainsi

faire d'abord des essaims de deux ruchées s'il est nécessaire, utiliser les sympathies naturelles des abeilles,
éviter les inconvénients de leurs antipathies, ou s'en
servir s'il y a lieu, et économiser au printemps la
plus grande somme possible de la chaleur naturelle des
abeilles en vue des générations futures, soit à l'égard
des souches comme des essaims, et au fur et à mesure
des inconvénients que l'on a à éviter, comme des avantages que l'on a à rechercher ;

4° Donner du jeune couvain à chaque ruchée au
moment de les déplacer, afin de s'assurer ainsi dans le
plus bref délai de l'état de ces ruchées ; en ce cas,
onze jours après, on peut, si l'on veut, extraire par
l'essaimage une vieille reine que l'on donnerait à une
ruche bourdonneuse simple, et à celle-là qui est en
bruissement les alvéoles royaux de celle-ci. On per-
muterait ensuite ces ruchées. On pourrait en agir de
même à l'égard des ruchées de mauvaise nature qu'il
serait dès lors de toute nécessité de mettre préalablement
en bruissement ;

5° Supprimer une partie des ruchées en juillet, en vue
d'en proportionner le nombre à la richesse mellifère
du pays et d'en obtenir des miels fins ;

6° Réunir en octobre et novembre les ruchées, de
manière à ramener autant que possible toutes celles
que l'on veut conserver au rucher à une population
uniforme de 1,500 grammes d'abeilles ; dans ce but,
supprimer les ruchées loqueuses. A cette saison on
reconnaît d'autant plus aisément ces paniers que les
abeilles n'occupent plus qu'une faible partie des rayons
et que le couvain qui a été atteint de la loque durant
l'été reste seul dans chaque ruchée. Ainsi, suivant

que ce couvain pourri, fermé ou ouvert, était plus ou moins avancé quand il s'est corrompu, il a imprimé aux alvéoles qu'il a salis une teinte plus ou moins foncée. Cette pourriture répandue dans toute la ruche, même sous le miel, et que les abeilles ne peuvent enlever, est un indice certain du retour avec aggravation de la même maladie pour le printemps suivant : d'où on ne peut préserver complétement une peuplade de ce mal que par le transvasement des abeilles dans une autre ruchée, et encore en hiver ou au printemps autant que possible. En été les émanations putrides de ces peuplades loqueuses sont telles que les abeilles en restent longtemps imprégnées, et en communiquent par là le germe à toute nouvelle peuplade. Dans le moment des essaims, la propension à déserter qu'ont les ruchées qui sont atteintes de la loque, jointe aux facilités que leurs abeilles ont plus particulièrement alors d'être bien accueillies dans les autres ruchées, pourraient les rendre contagieuses pour celles-ci. Cette maladie, que les ruchées puiseraient de préférence sur la fleur du sarrasin, serait la principale cause de la ruine des ruchées dans les contrées où l'on cultive cette plante, et qui sont ordinairement les plus heureuses du reste pour l'apiculture.

Ainsi dans les cas de pourriture du couvain, les réunions d'automne n'en sont que plus nécessaires. On pourrait encore supprimer les ruchées qui n'auraient point pour vivre, celles au contraire qui seraient très-lourdes, etc., enfin celles dont la cire est vieille : pour reconnaître sûrement ces dernières, après chaque hiver, je fais une marque particulière à l'année sur toutes les ruchées qui me restent, et c'est par le nombre de ces marques de différentes couleurs, se retrouvant selon l'ordre des années et sans interruption sur chaque ruchée, que je connais l'âge de mes paniers ;

7° Loger pour l'hiver dans un grenier obscur les ruchées qui seraient restées trop faibles en population, ou même en nourriture jusqu'à ce que la température intérieure du grenier se relève un peu ; chaleur que l'on peut chercher à combattre en ouvrant pour la nuit et en refermant pour le jour : de cette manière on éviterait à ces ruchers et les excès de froid, et les chaleurs accidentelles et intempestives qui, au sortir de l'hiver, les déciment d'autant plus qu'elles étaient déjà moins peuplées et par cela même avaient souffert davantage ;

8° Avoir près de son habitation une ruchée expérimentale placée sur une bascule ; donner toujours en les faisant de la nourriture à ses essaims, et jeter ses mesures pour ne plus nourrir à gros frais des ruchées pendant l'hiver, tandis que les dépenses naturelles pendant cette saison sont déjà fort dispendieuses ;

9° Repeupler les ruchées faibles après l'hiver avec les excédants des ruches fortes, de manière à n'avoir que des ruchées médiocres, où il n'y a point de chaleur perdue pour la prospérité du couvain, et qui sont toujours proportionnellement les plus prospères ;

10° En adoptant jusqu'à preuve contraire la ruche vulgaire en paille, parce qu'elle est la plus répandue et la plus simple, la moins coûteuse, et qu'elle s'est prêtée le mieux jusqu'aujourd'hui à toutes les opérations pratiques de l'apiculture, sans rien préjudicier cependant à celle à rehausses ou à compartiments, construites d'après les connaissances que donne seule une longue pratique et une étude bien réfléchie sur les mœurs des abeilles.

Telles sont, en résumé, les principales observations que contient ce mémoire, et qui sont loin d'être tout ce qu'il est utile d'étudier en apiculture ; pour les compléter comme pour mieux les développer, j'ai engagé le lecteur à se procurer d'abord le *Guide du propriétaire d'abeilles,* par M. Collin , puis le *Journal l'Apiculteur,* etc.

Et c'est ainsi qu'avec les conséquences et corollaires qu'on a lieu d'espérer encore de cette théorie naissante , envisageant l'apiculture au point de vue d'une expérience pratique de plusieurs années sur quatre à cinq cents ruchées dont un seul gardien peut très-aisément surveiller trois cents , divisées en 20 ou 30 ruchers, je me crois dès aujourd'hui en droit d'espérer que les peuplades d'abeilles, que chacun peut se procurer le plaisir ou l'avantage d'élever avec facilité , seront toujours nombreuses comparativement à ce qu'elles ont été jusqu'à ce jour ; et que l'apiculture, dont les profits trop incertains n'avaient rencontré, hormis quelques amateurs, qu'indifférence ou curiosité passagère, se verra recherchée sérieusement, et pourra obtenir l'honneur d'occuper une place dans les écoles d'agriculture.

www.ingramcontent.com/pod-product-compliance
Lightning Source LLC
Chambersburg PA
CBHW050553210326
41521CB00008B/952